KB176980

초간단 집밥 정식

재료의 맛을 살려 뚝딱 만드는

초간단 집밥 정식

세오 유키코 지음 / 최서희 옮김

에디트 라이프

1인분이나 2인분의 한 끼 식사를 맛있고 간단하게 만드는 것. 그것이 이 책의 테마다.
식사를 1인분 만들어 먹는 것이 오히려 경제적이지 못하다는 말을 자주 듣는다.
이는 어떻게 보면 포인트다. 슈퍼마켓에서 파는 채소나 고기는
기본적으로 가족 단위로 파는 경우가 많아서 결국 전부 사용하지 못하고 낭비하기 때문이다.
정육점이나 생선 가게에 간다고 해도 고기 100g, 생선 한 토막은 사기가 어렵다.
그래서 이 책에는 우리가 평소에 쉽게 구매할 수 있는 단위의 식자재를
마지막까지 전부 사용하기 위한 연구를 가득 실었다.
또 한 가지, 나는 외식을 계속하면 왠지 모르게 몸이 피로해진다.
그래서 가능하면 집에서 직접 만든 식사를 먹으려고 한다.
1인분의 식사를 만든다면, 최대한 수고를 들이지 않고 간단하게 만들고 싶다.
그렇다고 해서 맛이 없으면 의미가 없다.
간단한 요리란 절차를 생략하는 것이 아니라 요령과 기술이다.
이 책에서는 1인분의 식사를 맛있게 척척 만드는 요령과 기술을 잔뜩 소개한다.
혼자 먹어도 건강하고 맛있는 한 끼 식사. 이 책이 거기에 도움이 된다면 기쁠 것이다.

세오 유키코

목차

고기는 삶아서 육수째 냉장 보관하면 조리 시간도 훨씬 단축된다

03

얇은 고기와 다진 고기는 금방 익는다. 그래서 단시간에 반찬을 만들 수 있다

04

생선 요리는 1인분이라면 생선회용 토막을 활용하자

05

달걀은 1인분 식사의 우등생. 항상 준비해두면 메인으로도 주식으로도 사용할 수 있다

06

1인분 식사야말로 전자레인지로 쉽고 간단하게 만들 수 있다

07

오븐 토스터도 1인분 식사에서 맹활약! '원적외선 효과'도 놓칠 수 없다

08

작은 냄비라면 여러 영양소를 한 번에 섭취할 수 있어서 마음도 따뜻해진다

09

끓이기만 하면 되니 정말 간단하다. 시간이 있을 때는 이런 요리도 좋다

10

튀김을 할 때 인원수가 적다면 달걀을 뺀 튀김옷을 사용하자

11

절임으로 만들어두면 샐러드 먹듯이 채소를 바로 먹을 수 있다

12

냉동실은 소량의 식사를 하는 가정의 중요한 식품 창고다

13

이 책을 사용하기 전에

- 재료와 만드는 방법은 약간 많은 1인분을 기본으로 하고 있으나, 레시피에 따라서는 만들기 쉬운 분량으로 표기한 메뉴도 있다.
- 기재된 인원수보다 많이 만들 때, 조림은 졸아드는 상태가 달라지므로 맛을 보고 조미료의 양(조미료의 비율은 같음)을 조절하자.
- 1큰술은 15ml로 카레를 먹는 숟가락 크기이며, 1작은술은 5ml로 티스푼 크기다. 모두 계량스푼 가득 담아 표면을 편평하게 깎아내서 계량한다.
- 쌀 1홉은 180ml(cc)다.
- 간장은 진간장, 버터는 가염 버터, 설탕은 백설탕을 사용한다. 된장은 콩과 쌀, 천연 소금으로만 만든 것을 추천한다.
- 두부는 두부나 연두부 중 아무거나 사용해도 괜찮을 경우, 열량 계산을 위해 편의상 일반 두부로 표기하고 있다.
- 전자레인지의 가열 시간은 500W 기준이다. 600W의 경우는 20%, 700W의 경우는 40% 줄어든 시간으로 가열하자.
- 오븐 토스터의 가열 시간은 1,000W를 기준으로 하지만, 기종에 따라 굽기 정도가 차이 나는 경우가 있으므로 상황에 따라 조절하자.
- 열량 계산은 특별히 표기가 없는 한, 재료의 분량으로 계산하고 있다. 재료의 '있다면', '기호에 따라'는 계산에 포함되지 않는다. 돼지고기는 전부 등심으로 계산하고 있다.

채소는 신선할 때 미리 손질해두자!
단 한 줄기, 한 단도 낭비하지 않는다

1인분의 한 끼 식사를 만들 때 곤란한 점은 재료를 다 쓰지 못한다는 것이다. 슈퍼마켓에서 파는 채소는 한 번에 다 먹을 수 없을 만큼 양이 많고, 또 이 재료가 점점 상하는 것을 보면 요리를 할 기분이 들지 않는다. 게다가 피곤한 몸을 이끌고 집에 돌아와 나를 위한 1인분의 식사를 만들 때, 예를 들어 소송채를 사용할 양만큼 씻고 데치는 일은 아무래도 귀찮다. 그래서 나는 채소를 사면 신선할 때 한 번에 손질한다. 사실 푸른 채소류는 데쳐두기만 해도 조리하기 전 상태보다 몇 배나 오래 보존할 수 있다. 손질을 끝낸 상태로 냉장고에 넣어두면 사 온 반찬에 곁들여도 되고, 요리하기도 확실히 편하다. 내 냉장고에는 손질을 끝낸 채소를 담아둔 보존 용기가 잔뜩 들어 있다.

• 채소마다 보관법이 다르다! 사전 준비 요령 •

오이

아주 얇게 채를 썰어서(슬라이서를 사용하면 편리하다) 용기에 담고 소금을 뿌려서 물기를 짜지 않고 보관한다. 소금의 양은 오이 2개에 1/2작은술 정도. 수분이 나오기 때문에 필요한 양만 물기를 짜내고 사용한다.

여주*

여주를 세로로 2등분하여 씨와 속을 숟가락으로 파내고 5mm 정도 두께로 썬다. 아삭하게 1분 정도 데치고 차가운 물에 담가 식혀서 용기에 넣는다.

브로콜리

한 입 크기로 자른다. 줄기도 껍질을 벗기고 두툼하게 한 입 크기로 자른다. 3~4분 데친 후 차가운 물에 담가서 식힌 후에 용기에 넣는다.

숙주

내열 용기에 넣어 전자레인지 500W에서 3분 동안 가열하고 그대로 식혀서 냉장고에 넣는다. 데치는 것보다 식감이 아삭해서 숙주의 맛을 확실히 살릴 수 있다.

* **여주**: 오키나와를 대표하는 채소로 '쓴 호박'이라고도 부른다.

손에는 잡균이 많으므로 최대한 손으로 만지지 않도록 해서 보관하는 것이 오래 보존하는 요령이다. 푸른 채소류는 물방울이 떨어질 정도로 물기를 남기고, 사용할 때 적당히 물기를 제거한다. 보존 기간은 5~7일 정도다. 데칠 때는 충분한 양의 뜨거운 물에 소금을 넉넉하게 넣자. 뜨거운 물 1L에 소금 1작은술 정도가 기준이다.

부추
시금치
소송채
쑥갓

부추

빨리 익는 채소라서 빠르게 1분 정도만 데쳐도 OK. 차가운 물에 담갔다가 밑동을 떼고 4cm 정도 길이로 가지런히 잘라 용기에 넣는다.

시금치

밑동이 맛있으므로 버리지 말자. 흙이 신경 쓰인다면 물에 잠깐 담가두었다가 씻으면 잘 떨어진다. 조림이나 볶음에 사용할 수 있도록 아삭하게 2~3분 동안 데쳐서 차가운 물에 담갔다가, 밑동을 모아 4cm 정도 크기로 가지런히 잘라 용기에 담는다.

소송채

시금치와 비슷한 정도로 아삭하게 데쳐서 차가운 물에 담갔다가 밑동 부분을 잘라낸다. 4cm 정도 길이로 가지런히 잘라 용기에 넣는다.

쑥갓

빨리 익는 채소라서 빠르게 1분 정도만 데쳐서 차가운 물에 담가둔다. 밑동 부분을 잘라내고 4cm 정도 길이로 가지런히 잘라 용기에 넣는다.

소송채와 유부 달걀 덮밥

151 kcal

조리 시간 약 3분.
폭신한 달걀과 가득한 채소의 조합은 바쁜 아침에 반찬으로도 잘 어울린다.

재료(1인분)

데친 소송채 100g
유부 1/2장
달걀 1개

조림 국물
멘쓰유(3배 농축 타입) 1과 1/2큰술
물 90cc

1. 유부는 키친타월 사이에 끼우고 강하게 눌러 여분의 기름을 제거한 후, 가로세로 2cm로 자른다(냉동 보관한 유부는 그대로 사용해도 된다).
2. 냄비에 조림 국물, 유부, 소송채를 넣고 끓인다. 끓어오르면 약한 불로 줄인다.
3. 2분 정도 끓인 후 강한 불로 바꾸고 풀어둔 달걀을 두르듯이 넣는다. 뚜껑을 덮고 달걀이 원하는 정도로 익었으면 완성.

여주 두부 볶음

234 kcal

익히지 않은 여주를 사용할 때는 충분히 볶아서 익혀주자.
두부는 물기를 빼지 않는 편이 촉촉하게 완성할 수 있다.

재료(1인분)

데친 여주 1/2개
비엔나소시지 1개
두부 1/4모
달걀 1개
샐러드유 1작은술
과립형 닭육수 1/4작은술
소금 1/5작은술
후추 약간

1. 비엔나소시지는 어슷하게 썬다.
2. 프라이팬에 샐러드유를 두르고 중간 불로 가열한다. 두부를 넣고 강한 불에서 표면이 갈색이 될 때까지 굽는다. ← 향기로 맛을 UP.
3. 중간 불로 바꾸고 여주와 비엔나소시지를 넣고 두부를 으깨면서 볶는다.
4. 달걀을 풀어 넣고 전체에 조미료를 넣어 함께 볶는다.

시금치와 옥수수 버터 소테

131 kcal

데친 시금치는 떫은맛이 적으므로 익히지 않고 사용하는 것보다 단맛이 돋보인다.

재료(1인분)

데친 시금치 100g
옥수수 알갱이(통조림) 1/2컵

버터 1과 1/2작은술
소금, 후추 각각 약간

1. 데친 시금치는 가볍게 물기를 뺀다.
2. 프라이팬을 중간 불로 달궈서 버터를 녹이고 옥수수를 넣는다. 옥수수의 물기가 날아가고 노릇노릇해질 때까지 볶는다.
3. 시금치를 넣고 소금, 후추로 간을 한다.

이 단계까지 볶으면 정말 맛있어진다.

소송채 만두

321 kcal

데친 채소를 사용하면 1인분의 만두도 간단히 만들 수 있다. 고추기름 대신에 겨자를 넣은 소스도 추천한다.

재료(1인분)

데친 소송채 50g
다진 돼지고기 50g
간 생강 1/3작은술
간 마늘 1/6작은술
만두피 7장

미소 1큰술
소금 1/4큰술
후추 약간
참기름 1작은술

샐러드유(구이용) 1작은술
소스(간장, 식초, 고추기름) 각각 적당량

1. 데친 소송채는 가볍게 물기를 짜서 잘게 썰고, 다른 재료와 조미료를 잘 섞어 만두피로 싼다.
2. 프라이팬에 샐러드유를 두르고 중간 불로 달군 다음, 만두를 나란히 올린다. 물 100cc(분량 외)를 넣고 뚜껑을 닫아 수분이 날아갈 때까지 굽는다.
3. 타닥타닥 소리가 나면 뚜껑을 열고 남은 수분이 날아갈 때까지 적당히 노릇노릇하게 굽는다. 초간장에 고추기름을 넣는 등 기호에 맞는 소스와 함께 먹는다.

브로콜리와 삶은 달걀 샐러드

276 kcal

이 샐러드에는 부드러운 마카로니가 잘 어울린다. 나는 마카로니를 삶을 때 '정해진 시간의 2배'로 삶아서 사용한다.

재료(1인분)

데친 브로콜리 1/4개(약 70g)
삶은 달걀 1개
마카로니 10g
코티지 치즈 2큰술

마요네즈 1과 1/2큰술
소금 1/4작은술
후추 약간

1. 마카로니는 부드럽게 삶아서 차가운 물로 헹구고 물기를 뺀다.
2. 삶은 달걀은 껍질을 까서 큼직큼직하게 자르고 브로콜리는 작게 한 입 크기로 자른다.
3. 브로콜리를 제외한 재료를 모두 섞은 다음, 마지막에 브로콜리를 넣고 섞는다.

소송채와 대롱 어묵 참깨 무침

재료(1인분)

데친 소송채 70g
대롱 어묵 1개
볶은 참깨(간 것) 1과 1/2큰술
설탕 1과 1/2큰술
간장 2작은술
마요네즈 1작은술

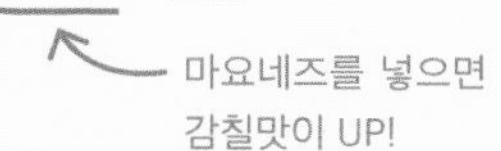
마요네즈를 넣으면
감칠맛이 UP!

1. 대롱 어묵을 세로로 4등분하고 3cm 길이로 자른다. 소송채는 가볍게 짜서 물기를 뺀다.
2. 재료와 조미료를 모두 볼에 넣고 무친다.

쑥갓 두부 무침

재료(1인분)

- 데친 쑥갓 40g
- 데친 닭안심(38쪽) 1개
- 당근 10g
- 두부 1/4모
- 설탕 2작은술
- 볶은 참깨(간 것) 2작은술
- 간장 1/2작은술
- 소금 1/4작은술

1. 데친 쑥갓은 가볍게 짜서 물기를 뺀다. 닭안심은 손으로 잘게 찢는다. 당근은 껍질을 벗겨서 긴 직사각형 모양으로 나박썰기를 한다.
2. 두부, 당근을 데쳐서 소쿠리에 건진 다음, 차가운 물로 식히고 수분을 뺀다.
3. 두부를 으깨고 다른 재료와 조미료를 넣고 섞는다.

숙주와 부추를 넣은 중국식 샐러드

193 kcal

재료(1인분)

데친 숙주 1/2봉지
데친 부추 30g
햄 2장
아몬드 5알
식초 1작은술
설탕 1/3작은술
참기름 1작은술
소금 약간

1. 데친 숙주와 부추는 가볍게 물기를 짜둔다. 햄은 잘게 자르고 아몬드는 굵게 다진다.
2. 조미료를 섞어 드레싱을 만들고 재료와 섞는다.

오이와 닭고기 초무침

103 kcal

재료(1인분)

소금에 무친 오이 1/2개
데친 닭가슴살(38쪽) 40g
건미역 2g
폰즈 2작은술
참기름(기호에 따라) 약간

1. 오이는 물기를 짜고, 닭고기는 손으로 잘게 찢는다. 미역은 물에 헹궈서 물기를 꼭 짜고 크기가 큰 것은 큼직큼직하게 썬다.
2. 건더기를 섞어서 그릇에 담고 폰즈를 뿌린다. 기호에 따라 참기름을 뿌려 먹는다.

채소를 많이 먹고 싶을 때는 건더기가 가득한 국물 요리를 만들자

채소를 먹는 것이 좋다는 사실은 알고 있지만, 1인분의 한 끼에서 채소를 챙겨 먹기는 사실 꽤 어렵다. 이럴 때 도움이 되는 음식이 건더기가 많이 들어간 국물 요리다. 생채소보다 많은 양을 먹을 수 있고, 약간의 수고를 들이면 여러 종류를 먹을 수 있다. 냉장고 속에 남은 채소, 미리 손질해둔 채소를 뭐든지 넣어 끓이자. 미소국에 서양풍의 건더기 재료, 콩소메 수프에 일본풍의 건더기 재료처럼 의외의 조합에서 의외의 맛도 탄생한다. 콩소메 수프 분말이나 닭육수 분말을 사용하면 본격적인 수프도 간단히 만들 수 있다. 많이 만들어서 두 끼를 먹어도 좋다. 건더기가 많은 국이 있으면 식사의 밸런스가 현격히 높아지므로 그다음은 사 온 반찬으로 해결해도 죄책감이 들지 않는다. 이는 내게 중요한 사항이다.

· 내가 좋아하는 미소국의 건더기 조합 ·

돼지고기 미소국은 건더기가 가득한 정통파

318 kcal

재료(약 2그릇 분량)

양파(빗모양썰기) 1/4개
감자(은행잎썰기) 1개
당근(은행잎썰기) 3cm 분량
얇게 썬 돼지고기(데친 것, 38쪽) 30g
다시 국물 500cc
미소 2와 1/2큰술

두유를 넣은 부드러운 맛의 미소국

232 kcal

재료(약 2그릇 분량)

데친 숙주(12쪽) 1/2봉지
데친 소송채(13쪽) 50g
다진 돼지고기 30g
채 썬 생강 / 얇게 썬 3장 분량
다시 국물 400cc
두유 100cc
미소 2와 1/2큰술

식이섬유가 풍부한 뿌리채소 미소국

178 kcal

재료(약 2그릇 분량)

무(은행잎썰기) 2.5cm 분량
우엉(어슷썰기) 10cm 분량
당근(은행잎썰기) 3cm 분량
다진 닭고기 30g
다시 국물 500cc
미소 2와 1/2큰술

이런 서양풍 재료도 맛있게 198 kcal

재료(약 2그릇 분량)

양배추(3cm로 깍둑썰기) 1장
베이컨(나박썰기) 1장
양파(빗모양썰기) 1/4개
주키니 호박(세로로 4등분해서 2cm 폭으로) 1/2개
다시 국물 500cc
미소 2와 1/2큰술

연어를 사용한 독특한 미소국 308 kcal

재료(약 2그릇 분량)

두부(으깨서 넣는다) 1/4모
무(나박썰기) 3cm 분량
실파(큼직하게 썰기) 1대
소금에 절인 연어(크게 토막 친 것) 1토막
다시 국물 500cc
미소 2큰술

※ 소금에 절인 연어에 염분이 있으므로 맛을 보면서 미소의 양을 조절하자.

소고기에는 쑥갓처럼 향이 강한 채소를 328 kcal

재료(약 2그릇 분량)

배추(나박썰기) 1장
대파(어슷썰기) 10cm 크기
데친 쑥갓(13쪽) 40g
얇게 썬 소고기(데친 것, 38쪽) 50g
다시 국물 500cc
미소 2와 1/2큰술

건더기가 가득한 미소국

198 kcal

양배추, 베이컨, 주키니 호박.
언뜻 보기에 서양풍의 재료라 해도 미소와는 찰떡궁합이다.

재료(약 2그릇 분량)

양배추(3cm로 깍둑썰기) 1장
베이컨(나박썰기) 1장
양파(빗모양썰기) 1/4개
주키니 호박(세로로 4등분해서 2cm 폭으로) 1/2개
다시 국물 500cc
미소 2와 1/2큰술

1. 건더기는 먹기 쉽고 끓이기 쉬운 크기로 자른다.
2. 냄비에 다시 국물, 건더기를 넣고 중간 불에서 건더기가 부드러워질 때까지 끓인다.
3. 미소를 풀어 넣고 약한 불에서 1~2분 끓이면 완성.

카레 풍미의 채소 수프

226 kcal

두유의 부드러움과 카레의 향기로 식욕이 없을 때도 술술 넘어간다.

재료(약 2그릇 분량)

주키니 호박 1/2개
양파 1/4개
베이컨 1장
간 생강 1/3작은술
간 마늘 1/6작은술

버터 2작은술
카레 가루 1작은술
물 400cc
고형 콩소메 수프 1개
두유 100cc
간장 2작은술
소금, 후추 약간씩

1. 주키니 호박은 1cm 두께로 반달썰기를 하고, 양파는 얇게 썰고 베이컨은 직사각형 모양으로 썬다. 냄비에 버터를 중간 불로 녹여 재료를 넣고 5분 정도 볶는다.
2. 카레 가루를 넣고 볶아서 향이 나면 생강, 마늘, 물, 고형 콩소메 수프를 넣고 중간 불에서 5분 정도 끓인다.
3. 두유, 간장을 넣고 소금, 후추로 간을 맞춘다.

토마토 주스로 만든 미네스트로네*

366 kcal

우리 집 냉장고에 꼭 들어 있는 토마토 주스.
이것을 활용하면 토마토 통조림을 사지 않아도 쉽게 만들수 있다.

재료(약 2그릇 분량)

양배추 1장
양파 1/4개
당근 3cm
감자 1개
비엔나소시지 2개
마늘 1쪽

올리브 오일 2작은술
물 400cc
고형 콩소메 수프 1개
토마토 주스 200cc
소금 1/3작은술
후추 약간
슬라이스 치즈(기호에 따라) 1장

1. 양배추는 3cm, 양파는 2cm, 당근은 1cm, 감자는 1.5cm 크기로 자르고 소시지는 두툼하게 썰고 마늘은 얇게 저민다.
2. 냄비에 올리브 오일, 채소, 소시지, 마늘을 넣고 약한 불에서 5분 정도 볶는다. 천천히 볶아서 채소의 풍미를 끌어내자.
3. 물과 고형 콩소메 수프를 넣고 중간 불에서 7분 정도 끓인다. 토마토 주스를 넣고 소금, 후추로 간을 맞춘다. 그릇에 담고 기호에 따라 슬라이스 치즈를 올려 먹는다.

* **미네스트로네**: 건더기가 많은 이탈리아식 수프.

콩소메 버터 간장 수프

438 kcal

일본풍 건더기 재료로 콩소메 수프를 만들면 아주 부드러운 맛이 난다.

재료(약 2그릇 분량)

우엉(가는 것) 1개
대파 1/2대
무 3cm
당근 3cm
얇게 썬 소고기(데친 것, 38쪽) 50g

버터 1큰술
물 600cc
고형 콩소메 수프 1개
간장 1과 1/2작은술
흑후추(기호에 따라) 약간

1. 우엉은 수세미로 문질러 씻은 후에 어슷하게 썰고, 대파도 어슷 썰기를 한다. 무와 당근은 직사각형 모양으로 썬다.
2. 냄비에 중간 불로 버터를 녹이고 채소를 넣어 5분 정도 볶는다.
3. 소고기, 물, 고형 콩소메 수프를 넣고 무가 부드럽게 익을 때까지 약한 불에서 7분 정도 끓이고 간장으로 간을 한다. 기호에 따라 흑후추를 뿌려서 먹는다.

간단 산라탕*

268 kcal

시큼하고 매콤한 중국식 수프인 산라탕도 닭육수 분말을 사용하면 순식간에 본토의 맛을 낼 수 있다.

재료(약 2그릇 분량)

배추 1장
대파 1/2대
얇게 썬 돼지고기(데친 것, 38쪽) 50g
달걀 1개

물 600cc
과립형 닭육수 2작은술
소금 1/3작은술
식초 1큰술
흑후추 적당량 ← 나는 1/5작은술 정도로 충분히 넣는다.

1. 배추는 결 반대 방향으로 1cm 폭으로 자르고 대파는 어슷하게 썬다.
2. 냄비에 달걀을 제외한 건더기 재료와 물, 닭육수 분말을 넣고 약한 불에서 3분 정도 끓이고 소금으로 간을 한다.
3. 달걀을 풀어 넣고 식초를 넣으면 완성. 그릇에 흑후추를 충분히 갈아 넣고 수프를 붓는다.

↑ 향이 달라지기 때문에 꼭 갈아서 바로 넣을 것!

* **산라탕**: 식초의 신맛과 고추와 후추의 매운맛을 섞은 중국식 수프의 일종.

두 가지 육수를 사용한 소금 창코국

216 kcal

닭육수와 가쓰오부시 육수, 이 두 가지 육수를 사용하여 식당에서 맛보는 듯한 깊은 맛을 재현할 수 있다.

재료(약 2그릇 분량)

데친 숙주(12쪽) 1/2봉지
양배추 1장
대파 1/2대
다진 돼지고기 50g
두부 1/4모
유부 1/4장
간 생강 1작은술
간 마늘 1/3작은술

물 600cc
과립형 닭육수 1/2작은술
과립형 가쓰오부시 1/2작은술
소금 1/2작은술

1. 양배추는 3cm 크기로, 대파는 두툼하게 썰고, 두부는 2cm 크기로, 유부는 1cm 폭의 직사각형 모양으로 썬다.
2. 냄비에 물과 간 생강, 간 마늘, 닭육수 분말, 가쓰오부시 육수 분말, 소금을 넣고 끓인다.
3. 숙주와 1번 재료를 넣고 다진 고기는 검지손가락 첫 마디 정도 크기로 넣는다. 건더기가 익었으면 완성.

둥글게 모양을 잡지 않아도 익으면 고기 경단처럼 된다.

* **창코국(창코지루)**: 생선, 고기, 채소 등을 큼직하게 썰어 큰 냄비에 넣고 끓여 먹는 요리.

간장 겐친국*

344 kcal

뿌리채소를 잔뜩 먹을 수 있어서 포만감이 있다. 많이 만들어서 다음 날에 맛이 배어난 국물로 우동을 만드는 것도 추천한다.

재료(약 2그릇 분량)

무 3cm
당근 3cm
우엉(가는 것) 1/2개
대파 1/2대
데친 닭다리살(38쪽) 1/4장
두부 1/4모

샐러드유 2작은술
물 600cc
과립형 가쓰오부시 육수 1작은술
간장 1큰술

1. 무는 1.5cm, 당근은 1cm 크기로 썬다. 우엉은 수세미로 문질러 씻고 1cm 폭으로 두껍게 썬다. 대파는 세로로 2등분해서 두껍게 썰고 닭고기는 2cm 크기, 두부는 먹기 좋은 크기로 자른다.
2. 냄비에 샐러드유를 두르고 약한 불로 가열해 채소를 넣고 3분 정도 볶은 후, 닭고기, 물, 과립형 가쓰오부시 육수를 넣고 중간 불로 10분 동안 끓인다.
3. 두부를 넣고 간장으로 간을 하면 완성. 졸아든 상태에 따라 맛의 차이가 생기므로 맛을 보고 물과 간장으로 간을 조절하자.

* **겐친국(겐친지루)**: '겐친사'라는 일본의 절에서 유래된 사찰 음식으로 콩, 곡물, 채소 등의 식물성 재료와 해조류를 사용한 국물 요리다. 일반인에게 알려지면서 고기나 해물이 추가되었다.

03

고기는 삶아서 육수째 냉장 보관하면 조리 시간도 훨씬 단축된다

육류도 역시 아무리 작은 팩을 사도 1인분으로는 조금 많다. 나는 채소와 마찬가지로 고기도 데쳐서 육수째 보관한다. 이 '육수째'가 중요하다. 공기 중에 노출되지 않기 때문에 고기를 오래 보존할 수 있고 끝까지 맛있게 먹을 수 있다. 소량씩 꺼내기도 쉽고 사용법도 다양하다. 이미 익혔기 때문에 조리 시간을 훨씬 단축할 수 있다. 육수에는 고기의 맛이 배어 있기 때문에 버리지 말고 활용하자. 탕이나 국을 아주 맛있게 만들어준다.

고기를 데칠 때 뜨거운 물에 과립형 닭육수를 넣으면 고기에 풍미가 더해지고 육수도 맛있어진다. 기준은 닭고기를 데칠 때는 1L의 물에 육수 분말을 1작은술 넣는 것이다. 금방 익는 얇게 썬 돼지고기나 소고기는 500cc의 끓는 물에 1/2작은술 정도 넣는다. 식은 후 육수째 용기에 넣어 냉장고에 보관하자. 보존 기간은 5~7일 정도다.

· 고기별 냉장 보관법 ·

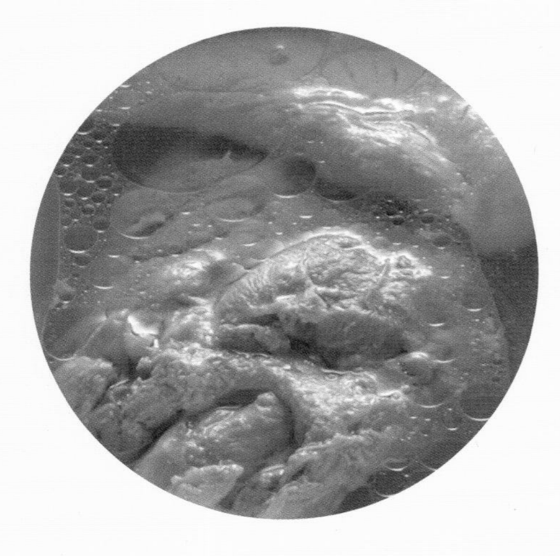

닭고기

닭고기는 자르지 말고 다리살 20분, 가슴살 10분, 안심은 5분 데친다. 육수에는 콜라겐이 가득하다. 1L의 뜨거운 물에 고기 2~3장, 사진처럼 육수에 고기가 잠길 정도가 기준이다.

돼지고기

삼겹살이나 등심 등 얇게 썬 고기라면 무엇이든 상관없다. 먹기 좋은 크기로 잘라서 끓는 물에 넣고 2~3분, 색이 변하면 OK. 돼지고기, 소고기 모두 500cc의 물에 1팩 200~300g의 고기를 샤부샤부 요령으로 익히고 꺼내는 것을 반복한다.

소고기

샤부샤부나 스키야키용의 얇게 썬 고기가 보관용으로 좋다. 데치는 시간은 끓는 물에 넣어서 색이 변할 때까지 2~3분 정도 걸린다. 거품이 생기기 쉬우므로 정성스럽게 건져서 보관 용기에 넣자.

· 4종류의 찍어 먹는 소스 ·

유자 후추 + 폰즈

고추냉이 + 간장

볶은 참깨(간 것) + 마요네즈 + 멘쓰유
(3배 농축 타입) 전부 1작은술

연겨자 + 간장

고기 육수에는 콜라겐이 가득하다

고기를 데친 육수에는 고기의 맛은 물론이고, 냉장고에 넣어두면 사진처럼 젤리 형태가 될 정도로 콜라겐도 가득하다. 탕이나 국에 이를 이용하지 않을 수 없다.

데친
닭고기

데친 닭고기 슬라이스

463 kcal

데쳐서 보관해둔 닭다리살을 적당하게 썰기만 한 것.
술안주나 갑작스러운 손님 대접 요리에도 활용할 수 있다.

재료(1.5인분)

데친 닭다리살 1장 분량
소금에 무친 오이(12쪽) 적당량

1. 데친 닭다리살을 1cm 폭으로 썬다.
2. 접시에 놓고 소금에 무친 오이를 물기를 짜서 곁들인다. 소금에 무친 오이는 보관해둔 것이 없으면 오이를 채 썰어서 소금에 절이고 2~3분 지났을 때 물기를 짠다.
3. 기호에 맞는 소스에 찍어 먹는다.

지쿠젠니*

294 kcal

한 그릇 뚝딱, 진한 맛의 조림.
데친 닭고기 육수를 사용하면 풍미도 UP.

재료(1인분)

데친 닭다리살 1/2장 분량
당근 3cm
데친 죽순 80g
표고버섯 2개

데친 닭고기 육수 100cc
물 200cc
간장 1큰술
설탕 1과 1/2작은술

1. 닭고기는 4cm 크기로, 당근과 죽순은 적당한 크기로 썰고, 표고버섯은 밑동을 제거해 4등분한다.
2. 냄비에 재료를 전부 넣고 강한 불로 끓인다. 조림용 뚜껑을 덮어 약한 불에서 국물이 냄비 바닥 1cm 정도가 될 때까지 끓인다. 조린 국물과 건더기를 잘 섞는다.

* **지쿠젠니**: 닭고기 채소 조림. 닭고기와 당근, 우엉, 연근, 표고버섯 등을 기름에 볶고 설탕 및 간장으로 맛을 내 졸인 음식.

아보카도 치킨 샐러드

456 kcal

재료를 썰고 섞기만 하면 된다.
데친 고기가 있으면 바로 만들 수 있는 양이 풍부한 샐러드.

재료(1인분)

데친 닭다리살이나 닭가슴살 1/2장
아보카도 1/2개
다진 양파 1큰술
건포도 1작은술
잎상추(있으면) 적당량

마요네즈 1큰술
카레 가루 1/2작은술
소금 1/3작은술
후추 약간

1. 닭고기는 2cm 크기로, 아보카도는 씨를 빼고 껍질을 벗겨서 1.5cm 크기로 자른다. 건포도는 잘게 썬다.
2. 양파와 마요네즈를 섞어서 5분 동안 둔다. ← 매운맛이 사라진다.
3. 모든 재료를 섞는다. 잎상추가 있으면 그릇에 깔고 보기 좋게 담는다.

치킨 밥 샌드위치

464 kcal

바쁠 때 도시락으로 최고.
여성이라면 한 개만 먹어도 확실한 한 끼 분량이 된다.

재료(1인분)

데친 닭다리살 1/4개 분량
얇게 썬 양파 약간
밥 밥그릇으로 가볍게 1공기
김 1/2장
양상추 1/2장

마요네즈 1큰술
연겨자 1/2작은술
간장 1/2작은술

1. 닭고기는 굵게 찢어서 마요네즈, 겨자, 간장에 버무려둔다. 양파는 차가운 물에 살짝 헹구고 물기를 뺀다.
2. 랩 위에 김을 놓고 그 위에 밥을 고르게 편다. 펼친 밥의 반에 양상추, 닭고기, 양파를 올린다.
3. 반을 접어 속 재료를 밥 사이에 끼우고 랩으로 싸서 단단히 눌러 밀착시킨다. 랩째로 반을 자른다.

빵 자르는 칼로 자르면 깔끔하게 잘린다.

육수를 부어 먹는 닭고기 덮밥

399 kcal

닭고기를 데친 육수에는 피부에 좋은 콜라겐이 가득하다.
진한 맛의 절임 고명으로 포인트를 주자.

재료(1인분)

데친 닭다리살 또는 닭가슴살 1/4장
미소에 절인 무 1조각
쪽파 1대
밥 적당히
채 썬 차조기 잎(있으면) 1장

닭고기 육수 200cc
물 100cc
과립형 가쓰오부시 1/4작은술
간장 1/2작은술
소금 1/3작은술

139쪽의 잘 절인 미소 절임을 추천.

1. 닭고기는 큼직하게 자른다. 미소에 절인 무는 5cm 크기로, 쪽파는 잘게 자른다.
2. 냄비에 닭고기 육수, 물, 조미료를 넣고 끓인다.
3. 밥을 공기에 담아 닭고기와 미소에 절인 무를 올리고 육수를 붓는다. 쪽파를 살짝 뿌리고 기호에 따라 채 썬 차조기 잎을 올린다.

데친
돼지고기

가끔은 제대로 먹고 싶은 날도 있다.
밥을 두 공기 먹고 싶어지는 위험한 반찬.

재료(1인분)

얇게 썬 돼지고기(데친 것) 50g
양배추 2장
대파 1/2대
마늘 1/2쪽
송송 썬 홍고추 약간

참기름 2작은술
붉은 미소* 2작은술
술 2작은술
설탕 1작은술

1. 양배추는 4cm 크기로, 대파와 마늘은 얇게 썬다. 조미료는 미리 섞어둔다.
2. 프라이팬에 참기름을 두르고 마늘을 넣어 중간 불에서 태우지 않도록 주의하며 볶는다. 마늘 향이 나면 양배추와 대파를 넣고 숨이 죽을 때까지 3분 정도 볶는다.
3. 돼지고기, 홍고추, 조미료를 넣고 강한 불에서 함께 볶는다.

데친 고기는 고기끼리
떨어지기 쉬우므로
함께 볶기도 쉽다.

* **붉은 미소**: 아카 미소. 보리와 누룩을 섞어 만든 붉은 된장으로 소금의 함량이 높다.

• 회과육과 같은 조리 순서지만 맛이 다른 볶음 •

양배추와 돼지고기 생강 볶음 259 kcal

재료(1인분)

얇게 썬 돼지고기(데친 것) 50g
양배추(3cm 크기로 썬 것) 2장
깍지콩(얇게 어슷썰기 한 것) 3개
간 생강 1과 1/2작은술

- 생강은 고기가 익은 후에 넣는다.

돼지고기 셀러리 볶음 242 kcal

재료(1인분)

얇게 썬 돼지고기(데친 것) 50g
셀러리(얇게 어슷썰기 한 것) 1개
채 썬 생강(얇게 썬 것) 3장 분량
얇게 썬 마늘 1/2쪽
송송 썬 홍고추 약간
참기름 2작은술
소금 1/3작은술
과립형 닭육수 1/4작은술
후추 약간

- 생강, 마늘은 먼저 향이 날 때까지 볶는다.

소송채와 돼지고기 굴 소스 볶음 267 kcal

재료(1인분)

얇게 썬 돼지고기(데친 것) 50g
데친 소송채(13쪽) 6뿌리 정도
채 썬 생강(얇게 썬 것) 4장 분량
얇게 썬 마늘 1/2쪽
송송 썬 홍고추 약간
샐러드유 2작은술
간장 2작은술
굴 소스 1작은술
소금, 후추 각각 약간
녹말가루 1/4작은술
물 1작은술

- 처음에 생강, 마늘, 홍고추를 향이 날 때까지 볶고 난 후 재료를 넣는다.
- 조미료, 녹말가루, 물은 처음에 전부 섞어둔다.

가지 돼지고기 조림

215 kcal

재료를 한 번에 냄비에 넣고 졸이기만 하면 되는 간단한 조림 요리. 여름에는 차갑게 먹어도 맛있다.

재료(1인분)

얇게 썬 돼지고기(데친 것) 50g
가지 2개
채 썬 생강(얇게 썬 것) 4장 분량

물 200cc
멘쓰유(3배 농축 타입) 2큰술

1. 가지는 꼭지를 제거하고 세로로 4등분해서 반으로 자른다.
2. 냄비에 재료를 전부 넣고 중간 불에서 끓이며 거품을 걷어낸다.
3. 조림용 뚜껑을 덮어 중간 불에서 10분 끓인다.

튀긴 두부와 돼지고기 조림

396 kcal

튀긴 두부와 유부의 기름을 제거할 때는 키친타월로 눌러준다. 요즘 상품은 그것으로도 충분하다. 튀긴 두부의 기름이 감칠맛을 높여준다.

재료(1인분)

식감이 부드러운 튀긴 연두부를 추천!

얇게 썬 돼지고기(데친 것) 50g
튀긴 연두부 1장
채 썬 생강(얇게 썬 것) 3장 분량

돼지고기 데친 육수 100cc
물 100cc
간장 2큰술보다 약간 많이
설탕 1작은술

1. 튀긴 두부의 기름기가 신경 쓰일 때는 키친타월로 눌러서 한 입 크기로 자른다.
2. 재료를 전부 냄비에 넣고 중간 불에서 끓인다.
3. 끓어오르면 불을 약하게 줄이고 조림용 뚜껑을 덮어서 조림 국물이 냄비 바닥에서 1.5cm 정도가 될 때까지 졸인다.

데친
소고기

소고기 샤부샤부 샐러드

321 kcal

고기가 가득한 반찬용 샐러드.
채소는 뭐든지 OK. 미리 데쳐서 보관해둔 채소를 사용해도 된다.

재료(1인분)

얇게 썬 소고기(데친 것) 50g
양상추 1장
잎상추 1장
오이 1/2개
차조기 잎 3장
양하 1개
참깨 1작은술

드레싱
간장 2작은술
레몬즙 2작은술
올리브 오일 2작은술
유자 후추 1/3작은술

1. 양상추와 잎상추는 한 입 크기로 잘게 찢고, 오이는 잘게 썰고 차조기 잎은 채 썬다. 양하는 세로로 반을 자른 뒤 얇게 어슷썰기 한다.
2. 자른 채소를 모두 섞어 그릇에 담고 소고기를 올리고 참깨를 뿌린다.
3. 드레싱 재료를 섞어서 골고루 뿌려준다.

드레싱은 직접 만들자

냉장고 안에 먹다 만 드레싱 병이 몇 병이나 남아 있지 않은가? 자취하면서 시판 드레싱을 사면, 도중에 질려서 다 먹지 못하는 경우가 종종 있다. 그러니까 직접 드레싱을 만드는 것을 추천한다. 유분, 산미, 염분이 섞여 있으면 조미료는 무엇이든 OK다. 예를 들어 폰즈에 참기름을 섞기만 해도 중국식 드레싱이 된다. 기호에 따라 매운맛이나 양념을 추가하자.

고기 두부

358 kcal

소고기의 풍미가 두부와 채소를 맛있게 만든다.
반찬은 물론이고 술안주로도 좋다.

재료(1인분)

얇게 썬 소고기(데친 것) 50g
대파 1/2대
두부 1/2모

소고기 데친 육수 100cc
물 200cc
간장 1큰술
설탕 1/2큰술
시치미* (기호에 따라) 약간

1. 대파는 얇게 어슷썰기 하고 두부는 두께와 크기를 각각 반으로 자른다.
2. 냄비에 재료를 전부 넣고 중간 불에서 끓인다.
3. 끓어오르면 약한 불로 줄이고 조림용 뚜껑을 덮어 조림 국물이 냄비 바닥에서 2cm 정도가 될 때까지 졸인다. 기호에 따라 조미료인 시치미를 뿌려서 먹는다.

* **시치미**: 시치미 토우가라시. 고추를 주재료로 일곱 가지 향신료를 섞은 일본의 조미료. 줄여서 시치미라고 부르며 덮밥, 수프, 우동 등에 향을 내기 위해 사용한다.

소고기와
버섯 크림소스 조림

522 kcal

생크림 + 콩소메 수프 분말로 본격적인 서양의 맛을 내보자.
밥과도 잘 어울린다.

재료(1인분)

얇게 썬 소고기(데친 것) 60g
양파 1/4개
양송이버섯 3개
소금에 데친 꼬투리째 먹는
완두콩(있으면) 3개

이번에는 생버섯을 사용했지만, 통조림을 사용해도 된다.

밀가루 1작은술
버터 1작은술
고형 콩소메 수프 1/4개
생크림 50cc
소금, 후추 각각 약간

1. 데친 소고기에 밀가루를 묻힌다. 양파는 얇게 썰고 양송이는 밑동을 떼서 4등분한다.
2. 프라이팬을 중간 불로 달구고 버터를 녹여서 양파가 옅은 갈색이 될 때까지 볶는다. 소고기, 양송이버섯을 넣고 함께 볶는다.
3. 고기에 묻혀둔 밀가루가 사라졌을 때 콩소메 수프 분말, 생크림을 넣고 섞으면서 끓인다. 소금, 후추로 간을 한다. 미리 데쳐둔 꼬투리째 먹는 완두콩이 있다면 먹기 좋은 크기로 잘라 넣는다.

이때 콩소메 수프 분말을 주걱으로 으깨자.

데친
소고기

한국식 소고기 쑥갓 조림

334 kcal

미리 데쳐둔 고기와 채소를 사용하면 바로 만들 수 있는 조림.
마지막에 밥을 넣어서 국밥으로 만들어도 맛있게 먹을 수 있다.

재료(1인분)

얇게 썬 소고기(데친 것) 50g
쑥갓(데친 것, 13쪽) 100g
채 썬 생강(얇게 썬 것) 3장 분량

채 썬 마늘 1/2쪽
소고기 데친 육수 100cc
물 100cc
볶은 참깨(간 것) 1큰술
한국산 고춧가루 1큰술
간장 1큰술 미만
미소 1/2큰술
과립형 닭육수 1작은술

향기가 좋아서 추천.
없으면 일반 고춧가루를
약간 적게 사용하자.

1. 데친 쑥갓은 가볍게 물기를 짜서 큼직큼직하게 썬다.
2. 냄비에 소고기 데친 육수, 물, 조미료를 넣고 끓이다가 생강과 마늘을 넣고 중간 불에서 살짝 졸인다.
3. 소고기와 쑥갓을 넣고 2분 정도 졸이면 완성.

얇은 고기와 다진 고기는 금방 익는다. 그래서 단시간에 반찬을 만들 수 있다

1인분의 식사는 짧은 시간에 척척 만드는 것이 기본이다. 내가 '팔랑팔랑 고기'라고 부르는 얇게 썬 고기나 다진 고기는 순식간에 익기 때문에 짧은 시간에 반찬을 만드는 데 큰 도움이 된다. 일본식 삼겹살 찜(부타노 가쿠니)을 만드는 데는 보통 2시간 정도가 걸리지만, 같은 맛으로 얇은 고기를 사용해 삼겹살 찜과 비슷한 느낌으로 만든다면 15분이 걸린다. 자, 이제부터 만들어보고 싶다는 생각이 들지 않는가? 적은 양이라 해도 고기를 사용하면 채소의 풍미도 올라간다. 나이가 들면 취향이 변해서 아무래도 단백질이나 지질이 부족해지기 쉽다. 그래서 나도 의식적으로 고기를 사용한다. 팩으로 사서 필요한 만큼 사용했으면, 그다음은 앞 장에서 소개한 것처럼 데쳐서 보관하자. 다진 고기는 양념을 해서 볶아두면 생고기보다 오래 보관할 수 있다.

돼지고기와 무의 굴 소스 조림

175 kcal

1인분용 조림이라면 최대한 손이 덜 가는 것이 좋다.
굴 소스를 사용한 이 요리는 무를 미리 데칠 필요가 없다.

재료(1인분)

얇게 썬 돼지고기 50g
무 4cm
얇게 썬 생강 4장
마늘 1/2쪽
시시토우* (있으면) 3개

물 100cc
굴 소스 1과 1/2작은술
간장 1과 1/2작은술
물에 풀어둔 녹말가루 / 녹말가루 1작은술, 물 1큰술

1. 돼지고기는 먹기 좋은 크기로 자른다. 무는 껍질을 벗기고 작게 마구썰기 한다.
2. 냄비에 돼지고기, 무, 생강, 마늘, 물, 조미료를 넣고 중간 불에서 끓이며 거품을 걷어낸다.
3. 조림용 뚜껑을 덮고 조림 국물이 냄비 바닥에서 1.5cm 정도가 될 때까지 졸이고, 녹말가루를 넣어 걸쭉함을 더한다. 시시토우가 있으면 프라이팬에 살짝 태우듯이 볶아서 곁들인다.

* **시시토우**: 피망의 품종 중 하나. 피망으로 대체 가능.

돼지고기 연근 볶음

253 kcal

돼지고기를 넣으면 포만감 있는 볶음 한 접시가 된다. 참기름 향이 식욕을 자극한다.

재료(1인분)

얇게 썬 돼지고기 50g
연근 1/2개(80g 정도)
송송 썬 홍고추 약간

참기름 1과 1/2작은술
설탕 1과 1/2작은술
간장 1큰술 미만
시치미(기호에 따라) 적당량

1. 돼지고기는 먹기 좋은 크기로 자른다. 연근은 껍질을 벗기고 얇게 반달썰기 한다.
2. 프라이팬에 참기름을 두르고 중간 불로 가열해 연근이 익을 때까지 2~3분 동안 볶는다.
3. 돼지고기, 홍고추를 넣어서 볶고 조미료를 넣었으면 확실하게 수분을 날리고 섞는다. 기호에 따라 시치미를 뿌린다.

연근은 조미료를 넣으면 수분이 나오기 때문에 잘 볶아야 한다.

다진 닭고기와 동과 조림

136 kcal

입속에서 부드럽게 부서지는 동과의 맛을 즐기자.
순무를 사용해도 맛있다.

재료(1인분)

다진 닭고기 50g
동과 1/4개
무청(냉동, 142쪽) 약간

물 250cc
과립형 가쓰오부시 육수 1/2작은술
간장(연한 맛) 1과 1/2작은술
소금 1/2작은술
물에 풀어둔 녹말가루 / 녹말가루 1과 1/2작은술, 물 1큰술

1. 동과는 속을 파내고 5cm 크기로 잘라 껍질을 두껍게 벗기고, 4분 정도 데쳐서 물기를 뺀다.
2. 냄비에 물, 가쓰오부시 육수를 넣어 끓이고 다진 닭고기를 손가락으로 떼어 넣는다. 데친 동과와 조미료를 넣고 중간 불에서 5분 정도 졸인다.

   작은 덩어리로 만들면 먹기 쉽다.
3. 동과가 부드러워지면 약한 불로 줄이고 물에 녹인 녹말가루를 넣고 섞으면서 걸쭉하게 만든다. 냉동한 무청을 넣고 한 번 섞어서 그릇에 담는다.

다진 고기를 사용한 조림은 고기를 뭉쳐서 넣는다

다진 고기는 금방 익어서 사용하기 쉬우므로 볶음이나 조림에도 활용하기 좋다. 나는 조림의 경우 부슬부슬 부서지지 않도록 손가락으로 집어서 넣는다. 그러면 젓가락으로도 먹기 쉽고 완자처럼 포만감도 커진다. 완자를 만드는 것은 귀찮지만 이 방법이라면 편하다. 다진 고기는 상하기 쉽기 때문에 구매하면 하루 이틀 안에 다 써야 한다.

소고기와 실곤약 스키야키 조림

408 kcal

나는 실곤약을 정말 좋아한다.
내게는 소고기의 맛이 스며든 실곤약을 먹기 위한 요리다.

재료(1인분)

얇게 썬 소고기 100g
양파 1/2개
실곤약(이미 떫은맛을 제거한 것) 100g
붉은 생강 초절임 적당량

물 100cc
간장 1과 1/2큰술
설탕 2/3큰술

이미 떫은맛이 제거된 것을 사면 이 과정만 거쳐도 OK.

1. 소고기는 먹기 쉬운 크기로, 양파는 빗 모양으로 썬다. 실곤약은 한 번 씻어서 큼직하게 썬다.
2. 냄비에 소고기, 양파, 실곤약, 물, 조미료를 넣고 중간 불로 끓여 거품을 걷어낸다.
3. 조림 국물이 냄비 바닥에서 1cm 정도가 될 때까지 졸인다. 접시에 담아서 붉은 생강 초절임을 곁들인다.

생선 요리는 1인분이라면 생선회용 토막을 활용하자

생선회 중에 '생선회용 토막'으로 잘라놓은 것은 가격이 상당히 다르다. 비교해보면 큰 토막이 당연히 이득이다! 하지만 큰 토막은 혼자서는 전부 먹을 수 없고, 그렇다고 해서 비교적 비싼 감이 있는 회를 사는 것도 조금 아쉬워서 고민이 된다. 나는 과감하게 큰 토막을 사서 당일에 회로 먹고 다음 날 이후에는 다른 생선 요리로 만들어 먹는다. 실은 생선회용 큰 토막은 아주 편리하다. 왜냐하면 미리 준비할 필요가 없기 때문이다. 회를 활용한 다양한 요리 몇 가지를 알고 있으면 더 큰 단위로 파는 시장이라 해도 싸고 신선한 생선회용 토막을 살 수 있다. 여기서는 생선회용 토막을 사서 회로 사용했지만, 잘라놓은 것도 괜찮다. 이 경우에는 가열 시간을 조절하자.

· 도미 오차즈케 ·

69쪽의 '눈속임 도미'를 따끈따끈한 밥 위에 올리고 그 위에 뜨거운 물을 붓기만 해도 맛있는 도미 오차즈케가 된다. 음식점에서는 도미 육수를 붓는 곳도 있지만, 도미의 맛이 우러나기 때문에 뜨거운 물로도 충분히 맛있는 한 접시를 완성할 수 있다.

* **도미 오차즈케**: 밥을 녹차에 말아 먹는 오차즈케 위에 도미를 올려 먹는 요리.

눈속임 도미

176 kcal

'눈속임 도미'는 내가 만든 요리 이름이다.
참깨와 간장을 버무리면 비싸지 않은 도미라 해도 맛을 속일 수 있기 때문이다.

재료(1인분)

도미 회 70g
산초 잎(있으면) 1장

볶은 참깨(간 것) 1큰술
간장 1큰술

1. 도미 회는 얇게 썰어 갈아둔 깨와 간장에 버무린다.
2. 접시에 담고 산초 잎이 있으면 위에 올려 향과 색을 더한다.

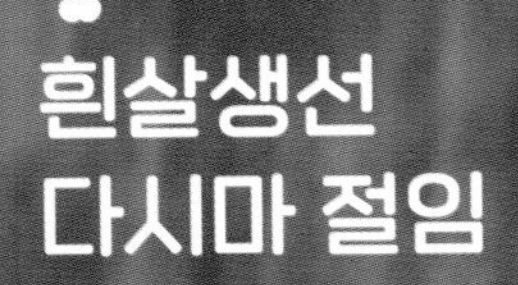

흰살생선 다시마 절임

396 kcal (사진의 분량일 경우)

연어도 실은 흰살생선과 같은 종류다.
반드시 신선한 회를 사용하자!

재료(구매하기 쉬운 분량)

회(흰살생선, 연어, 새우 등) 적당량
국물용 다시마는 감싸고 싶은 생선회 크기의 두 배 양 준비

소금에 무친 오이(12쪽), 물에 담가둔 미역, 차조기 잎(있으면) 각각 적당량
얇게 썬 생강, 고추냉이(기호에 따라) 각각 적당량
간장 적당량

다시마 절임으로 만들기만 해도 1주일은 보관할 수 있다. 만든 다음 날부터 먹을 수 있으므로 먹고 싶은 양만큼 잘라서 먹고, 남으면 다시마와 랩으로 감싸서 냉장 보관한다.

1. 랩 위에 국물용 다시마를 깔고 회를 토막째 올린다.
2. 회 위에도 국물용 다시마를 올리고 랩으로 감싸 냉장고에 보관한다.
3. 다시마 절임을 얇게 썰어서 그릇에 담고 소금에 무친 오이나 물에 불린 미역이 있으면 곁들인다. 기호에 따라 얇게 썬 생강이나 고추냉이를 곁들이고 간장을 찍어 먹는다.

국물용 다시마는 작은 것을 쭉 이어서 사용해도 OK. 사진 속 생선은 도미다.

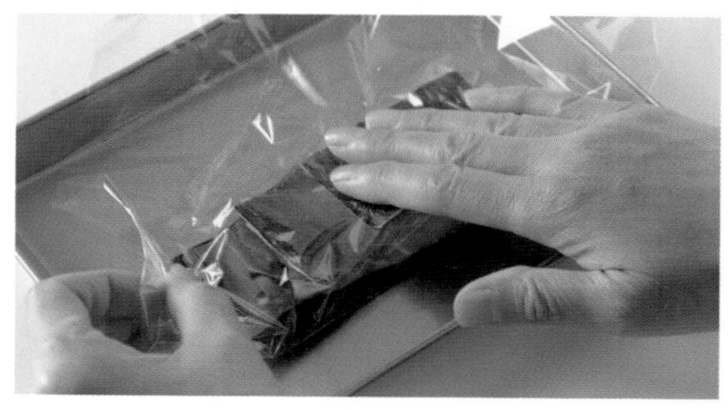

공기가 들어가지 않도록 랩으로 빈틈없이 감싸자.

다시마는 점성이 있어서 실이 늘어지지만, 상한 것이 아니라 풍미가 스며든 증거다.

다진 전갱이 완자 구이

137 kcal

재료(1인분)

전갱이 회 50g(약 1마리 분량)
쪽파 2대
두부 1/8모

미소 1작은술
녹말가루 1작은술
샐러드유 1/2작은술
간 생강 약간
간장 적당량

전갱이나 꽁치, 정어리 등의 등 푸른 생선 회가 남았으면 이런 요리를 추천한다.
두부를 넣으면 식감이 좋아지고 회가 적어도 양을 늘릴 수 있다.

1. 전갱이 회는 칼로 끈적해질 때까지 다지고, 쪽파는 끝부터 송송 썰어 두부, 미소, 녹말가루와 잘 섞어서 한 입 크기의 완자로 만든다. ← 작은 쪽이 구울 때 뒤집기 쉽다.
2. 프라이팬에 샐러드유를 두르고 중간 불로 가열해 경단을 나란히 올린다.
3. 단면을 2분씩 구워서 속까지 익었다면 생강을 넣은 간장에 찍어 먹는다.

두부는 금방 무너지기 때문에 자르지 않고 넣어도 된다.

넓은 접시에 샐러드유를 얇게 펴 발라두면 잘 달라붙지 않는다. 이 분량으로 지름 3cm 정도의 완자 5개를 만들 수 있다.

방어 대파 전골

357 kcal

방어와 같이 지방이 많은 생선은 익혀도 맛있다.
생선회용이지만 샤부샤부처럼 반만 익혀서 먹어도 맛있다.

재료(1인분)

방어 회 100g
대파 1대
두부 1/4모

물 500cc
폰즈 적당량
유자 후추 또는 시치미(기호에 따라)
적당량

풍미를 더하고
싶을 때는
국물용 다시마를
3cm 정도 넣자.

1. 방어회는 5mm 두께로 썬다. 대파는 어슷하게 썰고 두부는 먹기 좋은 크기로 자른다.
2. 냄비에 물을 넣고 대파, 두부를 넣어 중간 불에 올린다.
3. 대파가 부드러워졌으면 방어를 넣고 살짝 데쳐서 폰즈에 찍어 먹는다. 기호에 따라 유자 후추나 시치미를 폰즈에 넣어 먹어도 된다.

달걀은 1인분 식사의 우등생. 항상 준비해두면 메인으로도 주식으로도 사용할 수 있다

달걀은 오래 보존할 수 있고 1개씩 소량으로도 사용할 수 있어서 식사 1인분을 만들 때 아주 편리하다. 어떻게 연구하느냐에 따라 메인 반찬으로도, 주식으로도 폭넓게 활용할 수 있다. 예를 들어 79쪽에서 소개하는 '달걀 프라이 새콤달콤 앙카케'는 전형적인 아침 식사다. 달걀 프라이에 건더기가 든 새콤달콤 앙카케를 붓기만 해도 순식간에 저녁 식사의 메인이 되는 훌륭한 반찬으로 재빠르게 바꿀 수 있다. 달걀은 손쉽게 섭취할 수 있는 단백질원으로 채소와 함께 주식에 추가한다면 균형 면에서도 아주 좋다. 날달걀 그대로 먹거나 삶고 굽는 등 조리법도 다양하지만, 각각 식감이 전혀 다른 것도 달걀의 재미다. 내 냉장고에 달걀이 없는 날은 없다. 달걀 요리의 레퍼토리를 늘리면 식사를 만드는 편의성도 분명 증가할 것이다!

• 메인 요리가 되는, 건더기가 많이 든 달걀말이 •

부추가 잔뜩 들어간 달걀말이

195 kcal

재료(1.5인분)

데친 부추(13쪽) 1/3단
달걀 2개

소금 1/2작은술
참기름 또는 샐러드유 1작은술

1. 데친 부추는 가볍게 짜서 송송 썬다. 달걀을 깨서 풀어주고 소금과 부추를 넣고 섞는다.
2. 달걀말이 팬에 참기름이나 샐러드유를 두르고 중간 불로 가열해 풀어둔 달걀의 1/3을 붓고 반숙이 되면 몸과 가까운 쪽부터 만다.
3. 남은 달걀물의 절반을 다시 붓고 앞에서 말아둔 달걀 아래까지 달걀물이 흐르게 한다. 반 정도 익었으면 말아둔 달걀에 이어서 말아준다. 남은 달걀물도 똑같이 해서 익힌다.

약한 불에서 하지 않고 중간 불에서 마는 것이 잘 부풀어 오르게 하는 요령이다.

숙주와 셀그 새우 달걀말이

데친 숙주(12쪽) 50g
건조 셀그 새우 2큰술

돼지고기 쪽파 달걀말이

삶은 돼지고기(122쪽)
1cm 크기로 자른 것 30g
송송 썬 쪽파 1대 분량

달걀 프라이 새콤달콤 앙카케*

260 kcal

* **앙카케**: 칡가루로 만든 걸쭉한 양념장을 얹은 요리.

재료(1인분)

파프리카 1/4개
달걀 2개
파드득나물(있으면) 약간

샐러드유 1큰술
물 100cc
식초 1큰술
설탕 1큰술
간장 2작은술
녹말가루 1과 1/2작은술

1. 파프리카는 직사각형으로 자른다. 물과 조미료, 녹말가루를 섞어 둔다.
2. 프라이팬에 샐러드유를 중간 불로 가열해 달걀을 깨서 부친다. 흰자가 반 정도 익었으면 조리용 젓가락으로 끝을 잡고 뚜껑을 덮고 20초 가열한 후 꺼낸다.
3. 프라이팬에 파프리카를 넣고 중간 불로 볶아서 물과 조미료를 넣는다. 꺼냈던 달걀을 다시 넣고 걸쭉해질 때까지 졸인다. 그릇에 담고 파드득나물이 있으면 장식한다.

토마토 달걀 볶음

247 kcal

토마토를 사용한 건강한 달걀 볶음. 볶으면 산미가 억제되기 때문에 익히지 않은 토마토를 좋아하지 않는 사람에게도 추천한다.

재료(1인분)

토마토 1/2개
달걀 2개

송송 썬 쪽파 1대분
샐러드유 2작은술
과립형 닭육수 1/5작은술
소금 1/4작은술
후추 약간
토마토케첩 1작은술

1. 토마토는 꼭지를 따서 한 입 크기로 자른다. 프라이팬에 샐러드유를 두르고 중간 불에서 가열해 토마토를 넣고 약간 뭉개질 정도까지 볶는다.
2. 달걀을 풀어서 1번의 프라이팬에 넣고 강한 불에서 천천히 섞으며 자신이 좋아하는 정도로 익힌다.
3. 조미료를 넣어서 섞고 그릇에 담아 쪽파로 장식한다.

빵 오믈렛

485 kcal

우유에 담그기 때문에 남아서 딱딱해진 빵도 폭신폭신하게.
단백질을 시작으로 탄수화물이나 채소도 함께 먹을 수 있는 균형 잡힌 요리.

재료(1인분)

식빵(8장짜리) 1장
우유 2~3큰술
달걀 2개
슬라이스 치즈 1장
양파 1/4개
그린 아스파라거스 1개
비엔나소시지 1개

소금, 후추 각각 약간
버터 2작은술
토마토케첩 적당량

1. 식빵은 1.5cm 크기로 자르고 우유를 붓는다. 달걀을 풀어서 소금, 후추, 잘게 자른 슬라이스 치즈를 섞는다. 양파는 잘게 썰고 그린 아스파라거스는 뿌리의 딱딱한 부분을 제거해 송송 썰고 소시지도 잘게 썬다.
2. 프라이팬에 버터를 중간 불로 녹이고 양파를 갈색이 될 때까지 볶는다. 그린 아스파라거스, 소시지를 넣고 볶다가 빵도 넣어 섞어준다.
3. 풀어둔 달걀을 붓고 크게 휘저어 반숙으로 익힌다. 한쪽으로 기울여 반으로 접고 프라이팬의 측면에 대고 모양을 정돈한다. 기호에 따라 케첩이나 볶은 아스파라거스의 끝부분을 곁들이자.

가마타마 우동

413 kcal

간단하지만 정말 맛있다. 고명은 기호에 따라 아무거나 올려도 OK. 감칠맛이 돌기 때문에 튀김 부스러기는 꼭 넣자!

재료(1인분)

냉동 또는 데친 우동 면 1개
달걀노른자 1개
튀김 부스러기 2큰술
송송 썬 쪽파 2대 분량
가쓰오부시 적당량

간장 2작은술~1큰술

1. 우동 면은 뜨거운 물에서 원하는 만큼 익을 정도로 충분히 끓인다. 그릇은 따뜻하게 데워둔다. ← 중요!
2. 우동 면을 건져서 그릇에 담고 고명을 올린다.
3. 간장을 뿌리고 전체를 섞어서 먹는다.

진한 달걀 덮밥은 어떤가?

달걀노른자에 간장을 한 바퀴 두르고 10~15분 놓아둔다. 그러면 정말 신기하게도 달걀의 수분이 빠져서 노른자가 아주 진한 맛을 띠게 된다. 따끈따끈한 밥에 간장째 살짝 얹어서 먹어보자!

07

1인분 식사야말로 전자레인지로 쉽고 간단하게 만들 수 있다

4인분의 조림을 만들려고 한다면 냄비로 만들어야 정말 맛있게 만들 수 있다. 하지만 1인분이라면 어떨까? 전자레인지를 사용하면 압도적으로 간단하게, 그리고 맛있게 만들 수 있다. 전자레인지는 1인분의 식사를 만드는 데 아주 큰 도움을 준다. 조림도 재료를 자르고 조미료와 섞어서 전자레인지로 데우면 된다. 미안할 정도로 간단하다. 전자레인지에 적합한 식자재는 채소, 두부, 얇게 썬 고기 등이다. 채소는 가열 시간이 짧은 만큼 영양소가 거의 손실되지 않는다. 두부는 전자레인지에 데워도 딱딱해지지 않으며, 얇게 썬 고기는 균일하게 익히는 것을 신경 쓰지 않아도 된다. 의외인 것은 바지락도 전자레인지로 조리할 수 있다는 점이다. 아, 날달걀은 주의하자! 진짜 폭발하니까.

전자레인지 고기 감자 조림

360 kcal

재료에 조미료를 섞어 전자레인지로 데우기만 하면 된다.

재료(1인분)

감자 1개(200g)
양파 1/4개
당근 1cm
얇게 썬 소고기 50g

간장 1큰술
설탕 1/2큰술
물 1큰술

1. 감자는 한 입 크기로, 양파는 5mm 폭의 빗 모양으로 자른다. 당근은 얇게 은행잎 모양으로 썬다. 조미료와 물을 미리 섞어둔다.
2. 내열 용기에 재료와 조미료를 넣어 섞고, 랩을 씌워서 전자레인지 500W로 6분 가열한다.
3. 전체를 섞고 다시 한 번 랩을 씌워서 열이 식을 때까지 놓아두면 맛이 스며든다.

전자레인지 단호박 조림

191 kcal

냄비로 만드는 조림보다 싱거워지지 않아서 도시락용으로 적합하다. 남은 단호박도 전자레인지로 데워두면 샐러드 등에 바로 사용할 수 있다.

재료(1인분)

단호박 1/8개(170g)

간장 2작은술
설탕 1작은술
물 1큰술

1. 단호박은 한 입 크기로 자른다. 조미료와 물을 섞어둔다.
2. 내열 용기에 단호박과 조미료를 넣어 섞고, 랩을 씌워서 전자레인지 500W로 4분 동안 데운다.
3. 전체를 섞어서 다시 한 번 랩을 씌워 열이 식을 때까지 놓아두면 맛이 스며든다.

맛의 포인트. 고기 감자 조림도 같다.

고등어 미소 조림

417 kcal

고등어 미소 조림도 전자레인지로 3분이면 만들 수 있다.
냄비에 만드는 것보다 적은 양의 조미료로 만들 수 있어서 절약도 된다.

재료(1인분)

고등어(3등분한 것) 1/2마리
데친 소송채(13쪽, 있으면) 약간

미소 1큰술
설탕 1/2큰술
술 2큰술

1. 고등어는 절반으로 자르고, 껍질에 엑스 자로 칼집을 낸다. 내열 용기에 껍질이 위로 가도록 고등어를 올리고 미소, 설탕, 술 등 조미료를 섞어서 위에서부터 붓는다.
2. 가볍게 랩을 씌워서 전자레인지 500W에서 2분 30초~3분 정도 데운다. ← 냄비로 만드는 것보다 가열 시간도 이렇게 짧다.
3. 열이 식을 때까지 그대로 두고 잔열로 익힌다. 소송채 등의 데친 푸른 채소가 있으면 곁들인다.

새우와 두부로 만든 중국식 찜

178 kcal

새우와 두부는 서로 맛의 조화가 아주 좋다. 겉모양도 화려하므로 손님을 대접할 때 추천하는 요리다.

재료(1인분)

만들기 쉬운 것은 두부지만, 기호에 따라 연두부를 사용해도 된다.

두부 1/2모
새우(블랙타이거 새우 등) 4마리(70g)
대파 10cm

녹말가루 1작은술
소금, 후추 각각 약간
식초, 간장, 고추기름 각각 적당량

1. 두부는 키친타월에 올려 가볍게 물기를 제거한다. 새우는 껍질을 벗기고 등의 내장을 제거해 굵게 다진다. 대파는 끝부분부터 채 썰고 남은 부분을 잘게 다진다.
2. 두부를 4등분해서 가운데를 숟가락으로 살짝 파낸다. 파낸 두부, 다진 새우와 대파, 녹말가루, 소금, 후추를 섞어서 새우 속을 만든다.
3. 두부의 움푹 팬 부분에 새우 속을 올리고 랩을 살짝 씌워서 전자레인지 500W로 3분간 가열한다. 채 썬 파, 식초, 간장, 고추기름을 뿌려서 먹는다.

치킨 라이스 소

768 kcal (밥의 열량 제외)

이것만 만들어두면, 따뜻한 밥과 섞기만 해도 순식간에 치킨 라이스가 완성된다.

재료(4그릇 분량)

닭가슴살 1장(200g)
양파 1/2개
얇게 썬 양송이버섯(통조림) 50g

버터 2큰술
토마토케첩 120cc
소금 1/2작은술
후추 약간

1. 닭고기는 1.5cm 크기, 양파는 1cm 크기로 자른다.
2. 내열 볼에 모든 재료와 조미료를 넣어 섞고, 전자레인지 500W로 10분간 데운다.
3. 밥(200g, 분량 외)에 2번을 1/4 만큼 섞으면 1인분의 치킨 라이스 완성. 요리의 배색을 위해 잘게 썬 파슬리(분량 외)를 장식하자.

밥도 건더기도 따뜻한 상태에서 섞자.

볼에 모든 것을 섞고 데우기만 하면 되므로 다 같이 볶는 수고를 하지 않아도 된다.

남은 것은 한 끼 분량씩 보존 용기에 소분해서 냉동 보관한다. 사용할 때는 전자레인지로 해동해 따뜻하게 데우면 된다. 보존 기간은 2개월이다.

청경채 슈마이

186 kcal

슈마이의 피나 만두피는 한 봉지에 들어 있는 매수가 많아서 전부 사용하기 어렵다. 이 슈마이는 피 대신에 청경채를 사용한다. 채소도 섭취할 수 있어서 일거양득이다.

재료(1인분)

청경채 1포기
다진 돼지고기 50g
두부 1/8모
잘게 썬 양파 4큰술
간 생강 / 얇게 썬 것 2장 분량

녹말가루 2작은술
소금, 후추 각각 약간
식초, 간장, 연겨자(기호에 따라) 각각 적당량

1. 청경채는 씻어서 젖은 상태로 랩을 씌워 전자레인지 500W에서 3분 동안 가열한다. 찬물에 헹구고 물기를 털어 잎을 한 장씩 뗀다.
2. 청경채와 생강 이외의 재료와 조미료, 녹말가루를 섞어 6등분하고 둥글게 빚어서 청경채 잎으로 만다. 생강을 약간씩 올린다.
3. 내열 접시에 올리고 전자레인지 500W로 4분 가열한다. 식초, 간장, 연겨자 등 기호에 맞는 소스에 찍어 먹는다.

뿌리 쪽에 완자를 두고 잎 끝을 향해서 만다.

바지락 술찜

79 kcal

바지락도 전자레인지로 조리할 수 있다!
바지락에 열을 가하면 제대로 껍데기가 열린다.

재료(1인분)

껍질이 있는 바지락(냉동도 가능, 143쪽) 15개
송송 썬 쪽파 1대 분량
버터 약간
레몬(기호에 따라) 1조각

사케 또는 화이트 와인 3큰술
후추 약간

냉동 바지락은 그대로 사용해도 된다.

1. 바지락은 해감한 뒤 문질러 씻고 물기를 빼서 내열 용기에 넣는다.
2. 사케나 화이트 와인, 후추를 뿌리고 랩을 씌워 전자레인지 500W로 3분 동안 가열한다.
3. 바지락 껍데기가 열렸으면 완성. 쪽파를 뿌리고 버터를 올려서 기호에 따라 레몬을 짜 넣는다.

오븐 토스터도 1인분 식사에서 맹활약! '원적외선 효과'도 놓칠 수 없다

오븐 토스터를 요리에 활용하고 있는가? 아, 빵이나 떡을 굽는 데만 사용한다니, 너무 아깝다! 오븐 토스터를 사용해 아주 맛있게 구울 수 있는 식자재가 잔뜩 있다. 그 이유는 '원적외선 효과' 때문이다. 오븐 토스터를 사용하면 단시간에 겉은 노릇하고 속은 폭신하게 이상적으로 구울 수 있다. 나는 생선을 구울 때도 오븐 토스터를 이용한다. 왜냐하면 그릴보다 청소가 간단하기 때문이다. 쿠킹 포일을 깔고 구우면 나중에 포일을 버리면 끝이다. 그라탱도 1~2인분이라면 오븐 토스터로 충분히 만들 수 있다. 예열 시간이 필요 없기 때문에 오븐보다 훨씬 빨리 구워진다. 가격이 적당한 것도 마음에 든다.

술지게미에 절인 생연어 구이

190 kcal

이 술지게미 절임 재료 레시피는 내 오리지널이다.
나는 '술지게미 사케'라고 부르며 항상 준비해두고 있다.
술지게미 절임 이외에도 미소국이나 전골에 활용할 수 있어서 아주 편리하다.

재료(1인분)

생연어 1토막

술지게미 절임 재료
술지게미 1큰술
사케 1큰술
소금 1/3작은술

판 형태의 술지게미는 미리 사케를 뿌려서 부드럽게 만들어둔다.

1. 술지게미 절임 재료를 비닐봉지에 넣어 잘 섞고, 생연어 토막을 넣는다.
2. 살이 떨어지지 않도록 주의해서 술지게미 절임 재료를 잘 발라 하룻밤 둔다.
3. 쿠킹 포일 위에 올리고 오븐 토스터에 넣어 1,000W에서 10분 정도 굽는다.

튀긴 두부 구이

228 kcal

오븐 토스터라면 튀기지 않아도 속까지 익는다.
겉은 바삭하고 속은 폭신한 식감을 즐겨보자.

재료(1인분)

튀긴 두부 1장

간 생강 약간
간장 적당히

1. 튀긴 두부는 자르지 말고 쿠킹 포일에 올려서 오븐 토스터에 넣고 1,000W에서 13분 정도 굽는다.
2. 표면이 바삭하게 구워지면 완성. 먹기 좋게 잘라서 간 생강을 넣은 간장에 찍어 먹는다.

구운 채소

98 kcal (사진 속 채소의 양일 경우)

오븐 토스터의 원적외선 효과로 채소를 부드럽고 촉촉하게 조리한다. 좋아하는 채소를 전부 구워서 소금이나 후추, 올리브 오일, 버터 등 취향에 맞는 맛으로 먹자.
쉽게 살 수 있는 양, 먹기 좋은 양으로 조리하자.

누에콩

꼬투리째 노릇노릇해질 때까지 15분 정도 굽는다.

쿠킹 포일 위에 올려서 1,000W로 굽는다. 아래의 채소도 똑같이 한다.

표고버섯

밑동을 제거하고 버섯 안쪽을 위로 향하게 해서 버터를 약간 올리고 7분 정도 굽는다.

방울토마토

꼭지를 따고 그대로 8분 정도 굽는다.

그린 아스파라거스

뿌리 쪽의 딱딱한 부분을 제거하고 절반 길이로 잘라서 5분 정도 굽는다.

난 피자

397 kcal

작아 보여도 사실 꽤 용량이 큰 오븐 토스터.
시중에서 파는 난이라면 쉽게 들어간다.

재료(1인분)

시중에 판매하는 난 1장
슬라이스 치즈 2장
방울토마토 3개
바질 잎 2장

1장씩 따로 포장되어 있어서 조금씩 사용하면 편리하다.

타바스코 소스, 흑후추(기호에 따라) 각각 약간

안초비를 올려도 맛있다!

1. 난에 슬라이스 치즈, 둥글게 썬 방울토마토를 올려서 오븐 토스터에 넣고 700W에서 8분 정도 굽는다.
2. 다 구워졌으면 바질 잎을 찢어 장식하고 기호에 따라 타바스코 소스나 흑후추를 뿌려 먹는다.

양배추 그라탱

492
kcal

화이트소스도 함께 만들 수 있는 간단 그라탱.
오븐 토스터라면 오븐보다 빠르게 노릇노릇하게 구울 수 있다.

재료(1인분)

양배추 2장
양파 1/4개
베이컨 1장
슬라이스 치즈 2장

버터 1큰술
밀가루 1큰술
우유 200cc
소금 1/3작은술
후추 약간
고형 콩소메 수프 1/2개

양배추에서 단맛이 나오므로 확실히 볶아준다.

1. 양배추는 1cm 폭의 직사각형으로 자르고, 양파는 얇게 썰고, 베이컨은 5cm 폭의 직사각형으로 자른다. 프라이팬을 중간 불로 달구고 버터를 녹여서 양배추, 양파, 베이컨을 넣고 양배추가 숨이 죽을 때까지 5분 정도 볶는다.
2. 밀가루를 넣고 섞어서 가루가 보이지 않으면 차가운 우유를 한 번에 넣어 섞는다. 소금, 후추, 고형 콩소메 수프를 넣고 끓이면서 녹인다.
3. 걸쭉해지면 불을 끄고 내열 그릇에 담아 슬라이스 치즈를 올린다. 오븐 토스터에 넣어서 1,000W에서 2~3분, 노릇노릇해질 때까지 굽는다.

양배추는 이 정도로 확실히 볶아주자. 재료와 함께 밀가루를 볶으면 우유를 한 번에 넣어도 덩어리가 생기지 않는다.

아래에 빵이나 스파게티를 깔고 구우면 양도 많은 한 접시가 된다.

구운 명란과 간 무 무침

재료(1인분)

명란 1/2개
무 2cm
차조기 잎 2장
간장(기호에 따라) 약간

나는 대나무 무 강판을 사용해 거칠게 간 것을 좋아한다.

1. 무는 갈아서 가볍게 물기를 뺀다. 차조기 잎은 채 썬다.
2. 명란을 쿠킹 포일 위에 올려서 오븐 토스터에 넣고 1,000W에서 4분 정도 굽고 대강 풀어준다.
3. 간 무, 명란, 차조기 잎을 섞어서 접시에 담고 기호에 따라 간장을 넣어 먹는다.

상하기 쉬운 명란은 구워서 보관하면 아주 오래 보존할 수 있다.

양파를 감싼 유부 구이

114 kcal

재료(1인분)

매우 많은 양이지만 이 정도 넣어야 아주 맛있다!

- 유부 1장
- 양파 1/2개
- 겨자 간장 적당량

1. 유부는 키친타월로 감싸고, 눌러서 여분의 기름을 흡수한다. 양파는 잘게 썬다.
2. 유부의 긴 한쪽 변을 잘라내고 찢어지지 않게 펼친다. 잘라낸 유부를 잘게 썰어 양파와 함께 펼친 유부에 채워 넣는다.
3. 쿠킹 포일에 올려서 오븐 토스터에 넣고 1,000W에서 10~12분 정도 굽는다. 먹기 쉬운 크기로 잘라서 겨자 간장에 찍어 먹는다.

양하 미소 구이

재료(1인분)

- 양하 2개
- 미소 1큰술

1. 양하는 세로로 반을 잘라 자른 면에 미소를 바른다.
2. 쿠킹 포일 위에 올려서 오븐 토스터에 넣고 1,000W에서 5분 정도 굽는다.

'태우지 않고 속까지 따뜻하게 구울 수 있다.'라는 오븐 토스터의 장점을 살린 간단 술안주. 만드는 시간도 적게 걸리고 많은 수고도 필요 없다.

작은 냄비라면 여러 영양소를 한 번에 섭취할 수 있어서 마음도 따뜻해진다

'혼자 밥을 먹어도 만족감을 느끼고 싶다.' 이것도 나의 소중한 주제다. 하지만 간단하고 손이 많이 가지 않는 1인분의 식사에 충분한 만족감이 있기는 좀처럼 쉽지 않다. 이때 요긴하게 쓰이는 것이 작은 냄비다. 기본적으로 재료를 잘라서 넣기만 할 뿐인 냄비 요리는 궁극의 간편 요리라고 할 수 있다. 하지만 냄비에 요리하는 광경 자체가 마음을 따뜻하게 해주는 것 같지 않은가? 최근에는 휴대용 가스레인지도 미니 사이즈를 팔고 있다. 작은 냄비에는 그 사이즈가 알맞다. 눈앞에서 보글보글 끓은 음식을 후후 불면서 먹는 행복. 여러 가지 영양소를 한 번에 섭취할 수 있고 마지막에 밥이나 우동을 넣을 수 있다는 점도 냄비 요리의 매력이다.

유부 스키야키

157 kcal

고기 대신에 유부를 사용한 스키야키라서 '유부 스키야키'다.
끓인 국물을 머금은 유부의 맛은 고기에 뒤지지 않는다.

재료(1인분)

유부 1장
쑥갓(소금물에 데친 것도 가능, 13쪽) 5줄기
팽이버섯 1/2봉지
대파 1/4대

물 300cc
멘쓰유(3배 농축 타입) 3큰술
시치미, 유자 후추(기호에 따라) 각각 적당량

1. 유부는 키친타월 사이에 끼우고 강하게 눌러 여분의 기름을 제거하고, 8장의 삼각형 모양으로 자른다. 쑥갓은 뿌리의 단단한 부분을 제거하고 큼직하게 썰어서 풀어둔다. 대파는 어슷하게 썬다.
2. 작은 냄비에 물, 멘쓰유를 넣고 유부를 넣어 중간 불에서 끓인다.
3. 한소끔 끓으면 남은 건더기 재료를 넣고 끓어오르면 먹는다. 기호에 따라 시치미나 유자 후추를 곁들인다.

도미 무 전골

250 kcal

간 무에서 나오는 수분만으로 만드는 요리이므로 반드시 바로 갈아서 사용하자.
도미의 풍미가 배어 있는 간 무도 전부 먹는다.

재료(1인분)

도미 1토막
간 무 1컵
소금에 무친 무청(있으면) 약간

폰즈 적당히

1. 도미 토막은 껍질 쪽에 여러 군데 칼집을 넣는다.
2. 작은 냄비에 강판에 간 무를 무즙째 넣고 도미 토막을 올려 뚜껑을 덮고 중간 불에서 끓인다.
3. 다 끓었으면 약한 불에서 5분 동안 졸이고, 무청이 있으면 무청으로 장식해서 폰즈를 뿌려 먹는다.

양배추와 베이컨의 콩소메 전골

201 kcal

콩소메 맛에 서양풍 건더기 재료를 사용한 전골이 어째서인지 마늘 간장과 아주 잘 어울린다.
놀라울 만큼 맛있다.

재료(1인분)

양배추 2장
베이컨 2장
토마토 1/2개
양파 1/4개

물 500cc
고형 콩소메 수프 1개
간 마늘 약간
간장 적당히

1. 양배추는 4cm 크기로, 베이컨은 2cm 폭으로 자른다. 토마토는 빗 모양으로, 양파는 1cm 폭의 빗 모양으로 자른다.
2. 작은 냄비에 물과 고형 콩소메 수프를 넣어 중간 불에서 녹여주고 1번의 건더기 재료를 넣어 끓인다.
3. 다 끓은 것부터 마늘 간장을 찍어서 먹는다. 마늘 간장은 국물로 희석해서 간을 맞춘다.

돼지고기 미소 찌개

321 kcal

신진대사를 높이는 캡사이신, 채소에 가득 들어 있는 식이섬유.
찌개는 우리 여자의 강력한 조력자다.

재료(1인분)

얇게 썬 돼지고기
(데친 돼지고기도 가능, 38쪽) 70g
배추김치 50g
대파 1/2대
두부 1/4모

물 400cc
미소 2큰술
과립형 닭육수 1작은술

전골이나 볶음에는 조금 신 김치가 잘 어울린다.

1. 돼지고기, 배추김치는 3cm 폭으로, 대파는 큼직하게 2cm 크기로 썬다. 두부는 1cm 두께로 자른다.
2. 작은 냄비에 물과 조미료, 건더기 재료를 넣고 중간 불에서 끓여서 거품을 걷어낸다. 약한 불로 바꾸고 5분 정도 끓이면 완성.

무와 생연어를 넣은 술지게미 장국

283 kcal

술지게미 장국은 몸을 따뜻하게 해주기 때문에
추운 겨울에 먹기 좋은 요리다.
술지게미 장국에는 생연어처럼 임팩트 있는 재료가 잘 어울린다.

재료(1인분)

순무 1개
무청 1개 분량
생연어 1토막
대파 1/2대

다시 국물 400cc
미소 1과 1/2큰술
술지게미 1큰술
사케 1큰술

1. 순무는 껍질을 벗겨 6등분하고, 무청은 큼직하게 자른다. 생연어는 한 입 크기로 자르고, 대파는 1cm 폭으로 어슷하게 썬다.
2. 미소, 술지게미, 사케를 섞어둔다.
3. 작은 냄비에 다시 국물과 1번에서 손질한 건더기 재료를 넣고 부드러워질 때까지 중간 불에서 7분 정도 끓인다. 2번을 넣어서 섞어주고 1분 정도 약한 불에서 끓인다.

끓이기만 하면 되니 정말 간단하다. 시간이 있을 때는 이런 요리도 좋다

나는 요리를 하고 마음이 따뜻해진 적이 있다. 예를 들어 추운 겨울의 휴일 오후, 냄비가 보글보글 끓는 소리를 들으면 그것만으로도 행복해지지 않는가? 게다가 시간이 걸리는 요리를 만들었을 때 말로 표현할 수 없는 그 만족감. 이번에는 그런 기분을 맛볼 수 있는 레시피를 소개한다. 하지만 귀찮은 일을 하고 싶은 것은 아니다. 그러니까 시간이 걸리더라도 수고를 덜 들이고 '요리한 기분'을 느낄 수 있는 그런 요리를 하자. 모처럼 시간을 들여서 만드는 것이니 보기에도 좋고 응용 범위가 넓은 요리를 선택했다. 얼핏 보기에는 손이 많이 갈 것처럼 보이기 때문에 손님 대접용 요리로나 아니면 방문할 때 간단한 선물로도 활용할 수 있다. '끓이기만 할 뿐'은 비밀로 하자.

돼지고기 조림은 많이 만들어서 맛있게 활용하자

돼지고기 조림을 만들어두면 여러 요리에 사용할 수 있다. 78쪽에서 소개한 것처럼 달걀말이에 넣거나 샐러드 토핑 등으로 사용한다. 카레에 넣어도 부드러워서 아주 맛있다. 미리 익혀둔 고기라 조리 시간도 단축할 수 있다. 생채소, 마요네즈와 함께 월남 쌈용 라이스 페이퍼에 말아서 먹는 것도 내가 좋아하는 방법이다.

돼지고기 조림을 만드는 법은 다음 122쪽에서 소개한다.
여기서는 목심으로 만들었지만 다른 부위를 사용해도 된다. 기호에 따라 달라지지만 등심처럼 어느 정도 지방이 있는 부위를 사용하면 맛있게 완성할 수 있다.

파를 넣은 돼지고기 조림

221 kcal

돼지고기 조림을 사용해 무치기만 하면 되는 간단한 요리.
술안주로 잘 어울린다.

재료(1인분)

돼지고기 조림 50g
대파 1/2대

소금 1/4작은술
후추 약간
참기름 1작은술
고추기름(기호에 따라) 적당량

1. 돼지고기 조림은 먹기 좋은 크기로 잘게 썬다. 대파는 최대한 얇게 어슷썰기 한다.
2. 대파, 소금, 후추, 참기름을 섞고 대파가 숨이 죽을 때까지 5분 정도 놓아둔다.
   파의 매운맛이 빠진다.
3. 2번의 대파와 돼지고기 조림을 섞고 기호에 따라 고추기름을 넣는다.

돼지고기 조림

1930 kcal

재료(1인분)

돼지고기 통목심 800g
마늘 1쪽
얇게 썬 생강 3장

간장 3큰술
설탕 1과 1/2큰술

데친 브로콜리(12쪽, 있으면) 적당량
연겨자 적당량

1. 돼지고기는 두께 5cm 정도의 덩어리로 잘라서 냄비에 넣고, 고기가 잠길 정도의 물(분량 외)을 넣어 강한 불에서 끓인다. 물이 끓으면 거품을 걷어내고 약한 불로 바꿔서, 보글보글 끓는 정도의 불로 조절해 40분 정도 돼지고기가 부드러워질 때까지 끓인다.
2. 돼지고기가 부드러워졌으면 반으로 자른 마늘, 생강, 간장, 설탕을 넣고 국물이 거의 없어질 때까지(냄비 바닥에서 5mm 정도) 약한 불에서 졸인다.
3. 돼지고기를 꺼내서 1cm 두께로 자르고 브로콜리나 데친 채소, 연겨자가 있으면 곁들여 먹는다. 기호에 따라 조림 국물 소스를 부어도 된다. 남은 고기는 덩어리째 냉장 보관하고 사용할 양을 그때그때 잘라서 사용한다. 보존 기간은 1주일이다.

조림 국물도 소스로 사용할 수 있으므로
버리지 말고 돼지고기와 따로 보관하자.

라타투이

534 kcal

재료는 채소라면 뭐든지 가능하다. 양송이버섯이나 호박, 깍지콩, 그린 아스파라거스, 파프리카, 버섯류 등이 잘 어울린다.

재료(만들기 쉬운 분량)

양파 1/2개
주키니 호박 1개
가지 2개
셀러리 1개
베이컨 2장
얇게 썬 마늘 1쪽 분량
홀 토마토 통조림 1캔(400g)

올리브 오일 2큰술
물 200cc
고형 콩소메 수프 분말 1개
소금 1/2작은술
후추 약간

1. 양파는 2cm 크기로, 주키니 호박과 가지는 세로로 4등분해서 2cm 폭으로, 셀러리는 2cm로 큼직하게 자르고 베이컨은 1cm 폭의 직사각형으로 자른다.
2. 냄비에 올리브 오일과 마늘을 넣고 약한 불에서 볶는다. 마늘 향이 나면 1번의 재료를 넣고 약한 불에서 5분 정도 볶는다.
3. 토마토 통조림을 으깨서 넣고 물, 콩소메 수프를 넣어 중간 불에서 끓인다. 국물이 졸아들어 냄비 바닥에서 3cm 정도가 될 때까지 끓인다. 소금, 후추로 간을 한다.

확실히 볶아서 채소의 단맛을 끌어내자.

주식으로 변신, 라타투이

라타투이는 주식으로도 사용할 수 있는 편리한 요리다. 사진은 마카로니를 데쳐서 따뜻한 라타투이를 곁들였다. 데친 파스타를 냉수에 헹구고 차가운 라타투이로 버무리면 냉파스타가 되고, 얇게 썬 바게트 위에 올려서 잘게 찢은 바질 잎으로 장식하면 멋진 전채 요리가 된다.

리버 페이스트

920 kcal

믹서나 푸드 프로세서가 없어도 만들 수 있다. 홈 파티 방문 선물로도 좋은 요리다.

재료(만들기 쉬운 분량)

닭 간 150g
다진 마늘 1쪽 분량
셀러리 잎 1대 분량
월계수 잎(있으면) 1장

버터 100g
물 100cc
소금 1/3작은술
후추 약간

간을 좋아하는 사람은 버터를 70g 정도까지 줄여도 된다.

1. 닭 간은 한 입 크기로 잘라서 물로 헹구고 물기를 뺀다. 버터는 상온에 꺼내둔다.
2. 냄비에 버터 1큰술(용량 내)을 약한 불에 녹여서 마늘을 볶고, 마늘 향이 나면 닭 간을 넣어 볶는다. 간이 익으면 물, 셀러리 잎, 월계수 잎을 넣고 중간 불에서 물기가 없어질 때까지 졸인다.
3. 셀러리 잎, 월계수 잎을 건져낸다. 간을 숟가락 뒷면이나 매셔로 으깨고 남은 버터, 소금, 후추를 넣고 잘 섞어서 버터를 녹인다.
4. 불을 끄고, 버터가 분리되지 않도록 식히면서 저어준다. 굳으면 용기에 옮겨 담고, 랩을 딱 맞게 씌워서 냉장고에 보관한다.

공기에 노출되지 않도록 보관하자

장기간 보존하려면 공기에 닿지 않게 하는 것이 무엇보다 중요하다. 표면에 버터나 지방으로 막을 치는 방법도 있지만, 나는 랩을 사용한다. 용기를 랩으로 덮는 것이 아니라 리버 페이스트 표면에 딱 밀착시켜서 공기를 차단하자. 이 상태라면 냉장고에서 10일 정도 보관할 수 있다.

향미 채소는 간의 잡내를 억제해준다. 셀러리 잎이 없으면 양파 껍질이나 파슬리 잎 등을 사용해도 된다.

튀김을 할 때 인원수가 적다면 달걀을 뺀 튀김옷을 사용하자

튀김은 인원수가 1~2명인 가정에서는 꺼려지는 요리 넘버원이다. 하지만 튀김은 볶음보다 부엌을 어지럽히지 않으며, 기름을 굳히거나 흡수시켜서 버리면 뒷정리도 간단하다. 나는 작고 깊은 프라이팬을 튀김 전용으로 사용해 기름을 넣어둔 채 뚜껑을 덮어버리고 2~3번 사용하고 기름을 버린다. 튀김을 만들 때 걱정되는 것은 튀김옷에 사용하는 달걀의 양이다. 최소 단위인 1개 분량이라 해도 1~2인분의 튀김에는 조금 많다. 그렇다면 달걀을 사용하지 않고는 만들 수 없을까 생각해봤더니 만들 수 있었다. 튀김은 달걀 대신에 탄산수를, 프라이는 튀김가루를 사용한다. 양쪽 모두 달걀을 사용했을 때보다 실패 없이 바삭하게 튀길 수 있다. 집에서 만드는 것이니만큼 갓 튀긴 맛있는 튀김을 맛보자.

탄산수 튀김은 제철 채소나 좋아하는 재료를 전부 튀기자.
대롱 어묵이나 가마보코 어묵 등의 생선 가공식품 역시 밑 준비를 하지 않아도 튀길 수 있어서 편리하다.
만드는 방법은 다음 쪽에서 소개한다.

새우와 졸인 돼지고기 튀김

926 kcal

프라이의 튀김옷에도 달걀은 사용하지 않는다.
튀김가루를 사용하면 고르게 튀김옷이 묻어서 실패하지 않는다.

재료(2인분)

새우 4마리
돼지고기 조림(1cm 두께) 4조각
채 썬 양배추 적당량

만드는 법은 122쪽 참고.

소금, 후추 각각 약간
튀김가루 2큰술
물 2큰술
빵가루 적당량

튀김용 기름 적당량
레몬, 겨자, 소스(기호에 따라) 적당량

1. 새우는 등 쪽에 있는 내장을 제거한 다음 꼬리를 남기고 껍질을 벗긴다. 배 쪽에 여러 군데 깊숙이 칼집을 내고 등 쪽으로 젖혀 똑바로 편다. 소금, 후추를 뿌린다.
2. 튀김가루와 물을 섞은 튀김옷에 새우와 돼지고기 조림을 담갔다가 빵가루를 묻힌다.
3. 180℃의 기름에서 바삭해질 때까지 튀긴다. 양배추와 레몬을 곁들이고 겨자, 소스 등에 찍어 먹는다.

튀김가루의 양을 늘리면 튀김옷이 두꺼워지고, 물의 양을 늘리면 튀김옷이 얇아진다. 기호에 따라 조절하자.

탄산수 채소 튀김

577 kcal

탄산수에 들어 있는 이산화탄소 때문에 튀김옷이 바삭해진다.
튀기는 도중에 기름 온도가 너무 높아지면 튀김옷이 타버리므로 주의하자.

재료(1.5인분)

꼬투리째 먹는 완두콩 3개
가지 1개
그린 아스파라거스 1개
파프리카 1/6개
우엉(가는 것) 1/2개

밀가루 1/2컵
소금 1/5작은술
탄산수 70cc

튀김용 기름 적당량
소금, 레몬, 말차, 튀김용 간장 소스 (기호에 따라) 각각 적당량

1. 꼬투리째 먹는 완두콩은 심을 제거한다. 가지는 꼭지를 제거하고 세로로 4등분해서 길이를 반으로 자른다. 그린 아스파라거스는 뿌리의 딱딱한 부분을 제거하고 4~5cm 길이로 자른다. 파프리카는 2cm 폭의 직사각형으로 자르고, 우엉은 얇게 어슷썰기 한다.
2. 볼에 밀가루, 소금을 넣고 탄산수를 한 번에 붓고 섞어서 튀김옷을 만든다.
3. 튀김용 기름을 170℃로 가열하고 채소에 튀김옷을 입혀서 바삭해질 때까지 튀긴다. 소금과 레몬, 말차, 튀김용 간장 소스 등 기호에 맞는 맛으로 즐긴다.

탄산수 튀김에는 작게 자른 채소를 사용하자

모처럼 튀김을 만드는 이상, 여러 종류를 먹고 싶다. 적은 인원수의 탄산수 튀김을 만든다면 채소는 최대한 작게 하고 종류를 늘려서 튀기자. 이번에 튀긴 것 외에도 작은 단위로 튀기기 쉬운 깍지콩이나 만가닥버섯, 연근 등도 추천한다.

이 탄산이 바삭함의 비결.

돼지고기 말이 꼬치 튀김

552 kcal

냉장고에 남아 있는 자투리 채소 등을 얇게 썰어 고기로 말면, 고기가 적어도 음식의 양이 많아진다.

재료(1인분)

얇게 썬 돼지고기 3장
두부 1/8모
그린 아스파라거스 1개
가지 1/4개
채 썬 양배추 적당량
방울토마토 2개

소금, 후추 각각 약간
튀김가루 3큰술
물 2큰술
빵가루 적당량

튀김용 기름 적당량
레몬, 소스 각각 적당량

말기 전에 물기를 잘 닦아두자.

1. 돼지고기는 1장만 반으로 자른다. 두부는 물기를 빼둔다. 그린 아스파라거스는 길이를 반으로 자르고 가지도 반으로 자른다.
2. 돼지고기에 속 재료를 올려서 말고(가지는 돼지고기 1/2장에 1개 올린다), 끝을 이쑤시개로 고정해 소금, 후추를 뿌린다.
3. 튀김가루와 물을 섞은 튀김옷에 담갔다가 빵가루를 묻히고 170℃ 기름에서 굴리면서 노릇노릇해질 때까지 튀긴다. 양배추와 방울토마토를 곁들이고 소스나 레몬을 뿌려서 먹는다.

12

절임으로 만들어두면 샐러드 먹듯이 채소를 바로 먹을 수 있다

이 책 맨 앞에서 채소를 데쳐서 보관하는 방법을 소개했는데, 절임도 또 하나의 채소 보관 방법이다. 냉장고에서 꺼내 바로 먹을 수 있어서 아주 간편하다. 136쪽의 '소금물 절임' 레시피라면 맛이 연해서 샐러드를 먹듯이 많이 먹을 수 있다. 단식초 절임이나 미소 양념을 사용한 미소 절임은 절여둔 채소가 줄어들면 계속 채워 넣자. 절임은 겉절이(아사즈케)인지 장아찌(후루즈케)인지에 따라 다른 맛을 즐길 수 있다는 장점이 있다. 삶은 달걀이나 두부의 미소 절임은 2~3일이면 미소의 풍미가 더해진 재료의 맛을 느낄 수 있고, 1개월 정도 절여두면 진한 치즈와 같은 맛을 즐길수 있다. 채소 장아찌는 오차즈케에 사용하면 아주 좋다. 맛을 강조해주므로 한 그릇을 더 먹을 수밖에 없다.

소금물 절임

채소를 잘라서 소금물에 절이기만 하면 된다.
참기름이나 올리브 오일을 뿌려도 맛있게 먹을 수 있다.

재료(1인분)

무, 오이, 양배추, 당근, 가지, 차조기 잎 등
절임액 / 소금 1~2작은술, 물 1컵

○ 채소의 양에 따라 절임액의 양을 조절한다.

1. 밀폐 용기에 소금과 물을 넣어 녹이고 네모난 막대 모양으로 가늘게 썬 채소(양배추는 5cm 크기로 자른다. 차조기 잎은 반으로 찢는다)를 넣어 냉장고에서 보관한다.
2. 2~3시간 정도 지나면 먹을수 있다. 보관 기간은 1주일 이내다.

단식초 절임

다양한 채소를 함께 절이면 보기에도 화려하다.
생강을 절이면 절임액이 연한 핑크색이 된다.

재료(만들기 쉬운 분량)

햇생강, 생강, 셀러리, 오이, 당근, 파프리카, 가지, 순무 등

단식초(절임액)
식초 200cc
물 100cc
설탕 4큰술
소금 1작은술

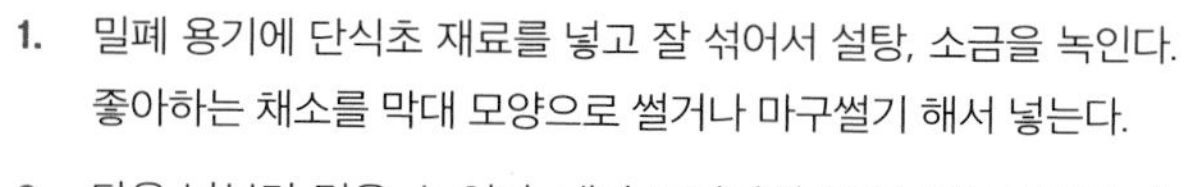

1. 밀폐 용기에 단식초 재료를 넣고 잘 섞어서 설탕, 소금을 녹인다. 좋아하는 채소를 막대 모양으로 썰거나 마구썰기 해서 넣는다.
2. 다음 날부터 먹을 수 있다. 냉장 보관하면 10일 정도 보존할 수 있다.

채소의 종류가 많으면 접시에 담을 때도 색 조합이 좋고 예쁘다.

두부와 삶은 달걀 미소 절임

미소에 술지게미를 넣으면 적당한 단맛이 난다.
미소 양념에는 고기나 생선을 절여도 맛있게 먹을 수 있다.
같은 미소 양념으로 2, 3회는 절일 수 있다.

재료(만들기 쉬운 분량)

물을 뺀 두부, 삶은 달걀 등

미소 양념

미소 150~300g
술지게미 50g
사케 50cc

1. 술지게미를 사케로 희석하고 미소와 섞어서 미소 양념을 만든다. 두부는 키친타월로 20분 동안 감싸두고 가볍게 물기를 빼서 절이기 쉬운 크기로 자른다. 삶은 달걀은 원하는 만큼 익을 정도로 삶아서 껍질을 깐다.
2. 밀폐 용기에 미소 양념을 절반 분량 넣고 두부, 달걀을 넣은 다음, 위에서부터 남은 미소 양념을 빈틈이 생기지 않도록 덮는다.

빈틈이 있으면 상하기 쉽다.

3. 다음 날부터 먹을 수 있다. 냉장 보관 시 한 달 정도까지 먹을 수 있다.

채소 미소 절임

채소는 수분이 나오므로 다른 재료와 따로 절이자.
미소에 절이는 재료는 만들 때마다 준비해둔다.

재료(만들기 쉬운 분량)

오이, 무, 생강, 셀러리 등

미소 절임 양념
미소 3큰술
술지게미 1과 1/2큰술
사케 1과 1/2큰술

1. 비닐 백에 미소, 술지게미, 사케를 넣고 잘 비벼서 섞는다.
2. 한 입 크기로 자른 채소를 넣는다.
3. 다음 날부터 먹을 수 있다. 냉장 보관하면 앞으로 1주일 정도까지 먹을 수 있다.

양파 난반즈케

이대로 피클처럼 먹어도 맛있지만, 닭고기나 빙어, 전갱이 등의 튀김에 올려도 산뜻하고 맛있게 먹을 수 있다.

재료(만들기 쉬운 분량)

양파 1개

단식초(절임액)
식초 200cc
물 200cc
설탕 4큰술
간장 1큰술
송송 썬 홍고추 약간

1. 양파는 얇게 썰거나 5cm 폭의 빗 모양으로 썰어서 풀어준다.
2. 밀폐 용기에 절임액 재료를 넣어 잘 섞고 설탕을 녹인다. 양파를 넣어 냉장 보관한다.
3. 3시간 정도 지나면 먹을 수 있다. 보존 기간은 2주일이다.

사 온 튀김도 이 양파 난반즈케를 올리면 풍미가 한 단계 올라간 반찬이 된다.

13

냉동실은 소량의 식사를 하는 가정의 중요한 식품 창고다

나의 냉동실은 항상 가득 차 있다. 왜냐하면 대부분의 음식은 냉동할 수 있기 때문이다. 냉동하면 날것일 때보다 쉽게 사용할 수 있는 것도 많다. 예를 들어 튀김을 잘게 잘라서 냉동해두면 조림이나 국에 냉동된 채로 휙 한 줌을 넣을 수 있다. 한 장, 절반 같은 단위에 좌우되지 않고 사용하고 싶은 만큼만 사용할 수 있다. 밥이나 면 등의 주식도 한 끼 분량씩 냉동해두면 시간이 없을 때 편리하다. 과일류를 사도 혼자서는 좀처럼 다 먹을 수 없기 때문에 냉동실에 넣는다. 그대로 먹어도 되고 우유와 같이 믹서에 갈면 순식간에 과일우유가 완성된다. 내게 냉동실은 냉동식품을 넣는 장소가 아니라 이미 식품 창고다.

주식도 1인분씩 냉동해두면 편리하다.
사진은 나폴리탄(152쪽)과 영양밥(154쪽)이다.

· 각 재료를 사용하기 쉬운 상태로 냉동하는 요령 ·

무청

소금물에 데쳐서 굵게 썬 뒤 냉동한다. 얼어 있는 그대로 사용하므로 조림의 색 배합 등에 편리하다. 미소국이나 볶음밥의 건더기 재료로 사용해도 된다. 보관 기간은 2개월이다.

새송이버섯

세로로 2등분해서 길이를 반(긴 것은 1/3)으로 잘라 냉동한다. 만가닥버섯이나 표고버섯도 냉동할 수 있으므로 나는 냉동 버섯 믹스를 만들어두기도 한다. 보관 기간은 2개월이다.

유부

키친타월로 눌러서 남은 기름기를 제거하고 2cm 크기나 직사각형 등 사용하기 편한 크기로 잘라 냉동한다. 사용하고 싶은 만큼만 조금씩 사용할 수 있어서 편리하다. 보관 기간은 2개월이다.

토마토

깜빡 잊어버려서 너무 숙성된 토마토는 그대로 냉동한다. 카레나 라타투이 등의 조림 요리에 그대로 넣어 사용할 수 있다. 보관 기간은 2개월이다.

• 이런 재료도 냉동해두면 편리하다 •

바지락(왼쪽)

바지락은 해감하고 문질러 씻은 후 냉동한다. 냉동해도 가열하면 제대로 껍데기가 벌어지므로 안심해도 된다. 보관 기간은 2개월이다.

백명란젓 · 명란젓 (오른쪽)

랩으로 완전히 감싸서 지퍼백 등의 냉동 보관용 봉투에 넣어 냉동한다. 보관 기간은 2개월이다.

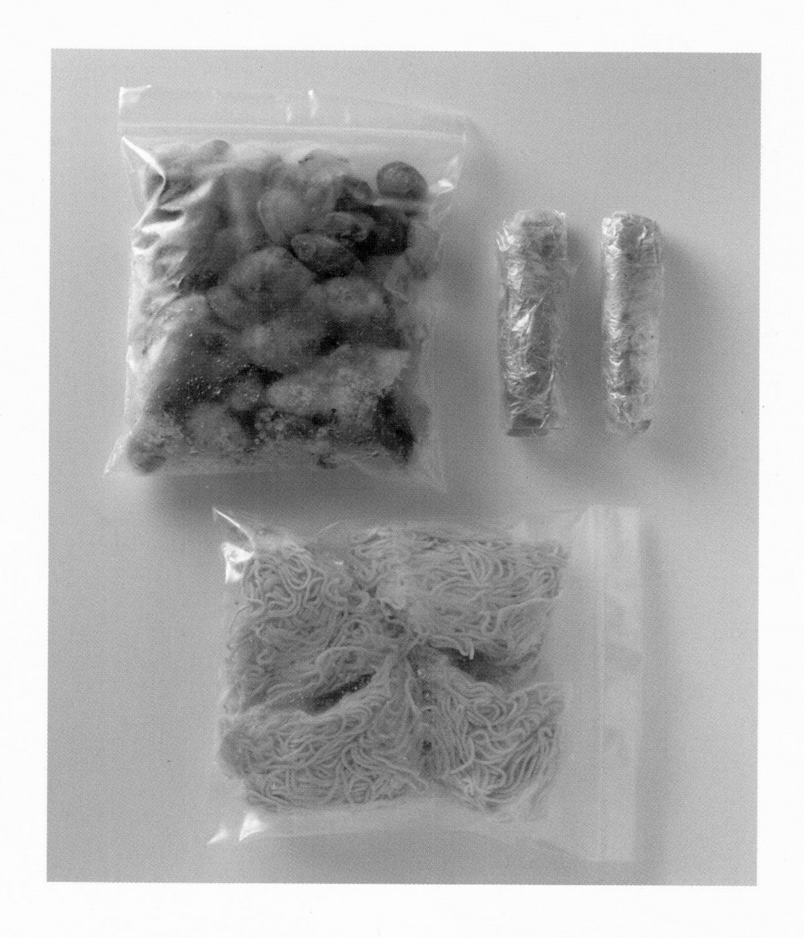

중화면 (사진 아래)

중화면도 개봉 후에는 나중에 사용하기 쉽도록 1인분씩 나눠서 냉동실에 넣는다. 해동하지 않고 그대로 삶아도 된다. 보관 기간은 1개월이다.

당근과 실곤약 백명란젓 볶음

95 kcal

재료(1인분)

당근 4cm
실곤약(떫은맛을 제거한 것) 100g
냉동 백명란젓 1큰술

버터 1작은술
간장 1작은술
소금, 후추 각각 약간

1. 당근은 채 썰고, 실곤약은 물에 헹궈서 먹기 좋게 큼직하게 썬다. 백명란젓은 상온 해동시켜 얇은 막을 제거한다.
2. 프라이팬을 중간 불로 달구고 버터를 녹여 당근이 부드러워질 때까지 볶고, 실곤약을 넣어서 물기가 사라질 때까지 볶는다.
3. 백명란젓을 넣고 섞어서 간장으로 간을 한다. 맛을 보고 소금, 후추로 조절한다.

주걱으로 으깨듯이 볶으면 자연스럽게 풀어진다.

명란젓과 대롱 어묵 버터 볶음

재료(1인분)

대롱 어묵 2개
냉동 명란젓 2작은술
버터 1작은술
소금, 후추 각각 약간

1. 대롱 어묵은 세로로 4등분하고 길이는 3등분으로 자른다. 명란젓은 상온 해동시켜 얇은 막을 제거한다.
2. 프라이팬을 중간 불로 달구고 버터를 녹여 대롱 어묵을 따뜻하게 데우는 정도로 볶고, 명란젓을 넣어 익을 때까지 볶는다.
3. 간을 보고 소금, 후추로 조절한다.

명란 마요네즈

263 kcal

냉동 백명란젓 또는 명란젓을 해동했으면 사용하지 않은 분량은 명란 마요네즈로 만들어버리자. 마요네즈와 섞어두면 2주일 정도 보관할 수 있다.

재료(만들기 쉬운 분량)

냉동 백명란젓 또는 명란젓 2큰술
양파(잘게 다진 것) 1/4개
마요네즈 2큰술
소금, 후추 각각 약간

1. 냉동 백명란젓 또는 명란젓은 상온 해동해서 얇은 막을 제거한다.
2. 볼에 양파와 마요네즈를 넣고 5분간 놓아둔다. 백명란젓 또는 명란젓을 섞고 소금, 후추로 간을 맞춘다.

양파의 매운맛이 빠진다.

빠져든다! 명란 마요네즈 덮밥

공기에 밥을 담았으면 구운 김 가루와 무순을 올리고 그 위에 명란 마요네즈를 뿌리기만 하면 된다. 편의점에서 파는 명란 마요네즈 주먹밥의 호화로운 버전이라고 할까. 나는 한때 이 음식에 빠져서 매일 아침 먹고는 했다.

멸치 파 피자

358 kcal

토마토소스를 사용하지 않은 산뜻한 맛의 피자.
남으면 냉동해서 다시 한 번 구워도 바삭하고 맛있게 먹을 수 있다.

재료(1인분)

냉동 멸치 20g
대파 1대
시판 피자 반죽(지름 19cm) 1장
슬라이스 치즈 2~3장

간장 약간
시치미(기호에 따라) 약간

1. 대파는 끝에서부터 송송 썬다.
2. 피자 반죽에 간장을 약간 발라서 대파, 냉동 멸치를 뿌리고 손으로 뜯은 슬라이스 치즈를 올린다.
3. 오븐 토스터에 넣고 1,000W에서 10분 정도 노릇노릇해질 때까지 굽는다. 기호에 따라 시치미를 뿌린다.

멸치는 보존 용기에 넣어 냉동실에 보관한다. 사용할 만큼만 꺼내 풀어서 사용한다. 보존 기간은 2개월이다.

감자 명란 샐러드

361 kcal

재료(1인분)

감자 1개
명란 마요네즈 약 1/2컵(146쪽의 분량)

1. 감자는 씻어서 젖은 채로 랩에 싸서 전자레인지 500W에서 3분간 가열한다. 대나무 꼬치가 푹 들어갈 정도가 되면 껍질을 벗기고 으깬다.
2. 감자와 명란 마요네즈를 섞는다.

명란 스파게티 샐러드

재료(1인분)

스파게티 면 50g
무순 1/3팩
명란 마요네즈 약 1/2컵(146쪽의 분량)

1. 스파게티는 반으로 잘라서 소금(분량 외)을 넣은 끓는 물에서 정해진 시간의 2배 시간으로 삶고, 냉수로 식혀서 물기를 뺀다. 무순은 뿌리를 잘라내고 큼직하게 썬다.
2. 스파게티, 무순을 명란 마요네즈로 무친다.

스펀지 두부 조림

두부는 한 번 냉동하고 해동하면 스펀지 형태가 돼서 얼린 두부와 같은 식감이 된다. 맛이 스며들기 쉽고 일반 두부와는 또 다른 맛을 즐길 수 있다.

재료(만들기 쉬운 분량)

냉동 연두부(일반 두부도 가능) 1모
닭가슴살(데친 닭고기도 가능, 38쪽) 1/2장
소금물에 데친 오크라(있으면) 약간

다시 국물 500cc
연한 맛간장 1큰술
설탕 1작은술

이대로는 데친 육수의 맛이 옅어진다.

1. 냉동 두부는 상온 해동하고 가볍게 눌러서 물기를 뺀다. 닭고기는 한 입 크기로 자른다.
2. 닭고기와 다시 국물을 냄비에 넣고 중간 불에서 끓이며 거품을 제거하고, 약한 불에서 20분 동안 끓인다.
3. 한 입 크기로 자른 두부를 넣고 간장, 설탕을 넣어 약한 불 그대로 10분 동안 졸인다. 소금물에 데친 오크라가 있으면 곁들인다.

두부는 팩째 냉동실에 넣는다. 해동은 상온에서 몇 시간, 냉장고에서 반나절 정도가 걸린다. 보존 기간은 2개월이다.

추억의 맛, 나폴리탄

1,242 kcal

그리운 맛을 재현하기 위해서는 스파게티를 부드럽게 삶는 것이 요령이다.

재료(약간 많은 2인분)

양파 1/2개
피망 1개
비엔나소시지 4개
스파게티 200g
양송이버섯 통조림(슬라이스) 작은 캔 1개(50g)

샐러드유 1과 1/2큰술
토마토케첩 5큰술
물 50cc
소금, 후추 각각 약간
타바스코, 치즈 가루(기호에 따라) 적당량

1. 양파는 5mm 폭의 빗 모양으로 썬다. 피망은 씨와 꼭지를 제거하고 잘게 썬다. 소시지는 얇게 어슷썰기 한다. 양송이버섯은 캔의 국물을 따로 담아둔다.
2. 스파게티는 끓는 물에 소금을 넣어 정해진 시간의 2배로 삶고 면수를 제거하고 샐러드유(분량 외)를 뿌려 면을 풀어둔다.
3. 프라이팬에 샐러드유를 중간 불로 가열하고 1번에서 준비해둔 재료가 익을 때까지 볶는다. 스파게티, 케첩, 물을 넣고 수분이 사라질 때까지 잘 볶아서 소금, 후추로 간을 한다. 기호에 따라 타바스코나 치즈 가루를 뿌려서 먹는다.
4. 바로 먹을 분량을 제외한 나머지는 보관 용기에 소분해서 열을 식힌 후 뚜껑을 닫아 냉동한다. 보존 기간은 1개월이다.

빨간색이 오렌지색으로 변했으면 맛있어졌다는 신호다.

영양밥

1,344 kcal

흰쌀밥보다 푸짐한 느낌의 영양밥.
전자레인지로 데우기만 하면 식탁이 화려해진다.

재료(4그릇 분량)

쌀 2홉(약 300g)
닭다리살(데친 닭고기도 가능, 38쪽) 1/4장
우엉(얇은 것) 1개
당근 3cm
데친 죽순 50g
만가닥버섯(냉동도 가능) 1/2팩

간장 2큰술

닭고기가 없는 경우에는 유부나
사쓰마아게(역주: 어묵을 튀긴 일본 음식) 등
조금 기름기가 있는 것을 추가하면 맛있다.

1. 쌀은 씻어서 평소처럼 물 조절을 한다.
2. 닭고기는 1.5cm 크기로 자른다. 우엉은 어슷썰기 하고, 당근은 얇은 직사각형으로 자르고, 데친 죽순은 빗 모양으로 자른다. 만가닥버섯은 먹기 좋은 크기로 떼어놓는다.
3. 1번에서 손질한 재료와 간장을 넣고 한 번 섞어서 밥을 짓는다.
4. 바로 먹을 분량을 제외하고 보관 용기에 소분해서 열을 식힌 후 뚜껑을 닫아 냉동한다. 보존 기간은 1개월이다.

채소 · 과일

여러 종류의 채소를 사용하는 레시피

라타투이

버섯

고기

닭고기

돼지고기

소고기

햄 · 소시지

소시지

햄

베이컨

생선류

달걀 · 유제품류

달걀

슬라이스 치즈

두부 · 대두 제품

두부

두부 튀김

유부

건어물 · 어묵 · 곤약 · 그 외

쌀 · 면 · 빵

세오 유키코

외식도 좋지만 매일 집에서 즐겁게 밥을 먹을 수 있다면 얼마나 좋을까. 쉽게 만들 수 있고 맛있기까지 하다면 더 말할 것도 없다. 이제 막 요리를 시작한 사람이라도 음식을 맛있게 만드는 것은 그리 어려운 일이 아니다. 마음을 편하게 먹고 요리를 즐기는 것부터 시작하자. 요리는 어쩌다 한 번이 아니라 매일 계속하는 것이 중요하다.

재료의 맛을 살려 뚝딱 만드는

초간단 집밥 정식

1판 1쇄 발행 2022년 2월 10일
지은이 세오 유키코
옮긴이 최서희

펴낸곳 에디트라이프
펴낸이 정성훈
주소 서울시 강서구 마곡중앙6로 21, 512호 (마곡동, 이너매스마곡1)
전화 070-4086-3351
팩스 02-6305-7051
이메일 info@editlife.co.kr
홈페이지 www.editlife.co.kr

ISBN 979-11-961056-8-6 (13590)

에디트라이프는 독자 여러분의 다양한 아이디어와
원고 투고를 설레는 마음으로 기다리고 있습니다.
보내실 곳 : info@editlife.co.kr